FORSCHUNGSBERICHTE DES LANDES NORDRHEIN-WESTFALEN

Nr. 1778

Herausgegeben
im Auftrage des Ministerpräsidenten Heinz Kühn
von Staatssekretär Professor Dr. h. c. Dr. E. h. Leo Brandt

AF755178

Prof. Dr.-Ing. Kamillo Konopicky
Gerald Routschka
Dr.-Ing. Hans Lehmann
Dr. rer. nat. Ingeborg Patzak

Forschungsinstitut der Feuerfest-Industrie, Bonn

Das Verhalten und der Verschleiß hochwertiger Schamottesteine im Hochofenschacht und Hochofenrast

Springer Fachmedien Wiesbaden GmbH

ISBN 978-3-663-06023-9 ISBN 978-3-663-06936-2 (eBook)
DOI 10.1007/978-3-663-06936-2

Verlags-Nr. 011778

© 1967 by Springer Fachmedien Wiesbaden

Ursprünglich erschienen bei Westdeutscher Verlag 1967.
Gesamtherstellung: Westdeutscher Verlag ·

Inhalt

1. Einleitung

Die ständige Leistungssteigerung bei den Hochöfen durch größere Abmessungen der Hochöfen, verbesserte Mölleraufbereitung, Einsatz von Pellets und höhere Windtemperaturen führt zu einer zunehmenden Beanspruchung des Feuerfestmaterials im unteren Teil des Schachtes und in der Rast.

Bei den Schamottehochofensteinen ist, ausgehend von den Erfahrungen mit Flintrohstoffen in den USA und Untersuchungen in England, das Bestreben vorhanden, eisenarme Rohstoffe zu verwenden und den Brand sehr hoch zu führen, um eine niedrige Porosität zu erreichen. Von englischer Seite wird als Qualitätsmerkmal für Hochofensteine in erster Linie eine niedrige Gesamtporosität, eine genügend hohe Abriebfestigkeit, CO-Beständigkeit und Raumbeständigkeit bei 1410° C angesehen, während man auf die Angabe des Al_2O_3-Gehaltes innerhalb der Schamotteklassen weitgehend verzichtet [1, 2].

Die in letzter Zeit auf dem Markt erhältlichen hochwertigen Schamottehochofensteine können in zwei Gruppen unterteilt werden, und zwar, ob die Eigenschaften sehr stark durch K_2O oder in erster Linie durch TiO_2 bestimmt werden. Im allgemeinen müssen diese hochwertigen Schamottesteine bei Temperaturen um 1550° C gebrannt werden, um eine niedrige Porosität und eine gute Raumbeständigkeit zu erzielen. Ausgehend von den ausländischen Rohstoffen, die meist alkaliarm sind, neigt man dazu, einen niedrigen Alkaligehalt zu verlangen. Andererseits steht eine englische Feuerfest-Firma auf dem Standpunkt, daß eine gewisse Alkalimenge bei hohem Brand der Rohstoffe und der Steine nicht ungünstig ist, da dadurch die Aufnahme weiterer Alkalien gehemmt wird.

Die letzten Versuchsergebnisse zur CO-Beständigkeit von Schamottehochofensteinen führten zum Schluß, daß diese Prüfung ursprünglich notwendig und wertvoll war, um schwach gebrannte Schamottesteine und Steine mit erheblichem Anteil an Eisenflecken auszuschalten, daß aber bei den modernen Fabrikationsmethoden und der hohen Brenntemperatur die Prüfung auf CO-Beständigkeit zuviel Unsicherheit mit sich bringt, um eine Qualitätskontrolle aufbauen zu können [3]. Aus diesen Gründen geht man dazu über, eine niedrige scheinbare Porosität und eine niedrige Gasdurchlässigkeit (ca. 0,2 nPm) zu verlangen, wobei es dann noch offen bleibt, wie die übrigen Eigenschaften der Steine gegeneinander abgewogen werden sollen. Nach russischen Arbeiten [4, 5] steht man sogar auf dem Standpunkt, daß die Zerstörung der Hochofensteine nicht durch die Kohlenstoffabscheidung und auch nicht durch ZnO erfolgt, sondern durch Wärmespannungen infolge des hohen Temperaturgradienten und der auftretenden Temperaturschwankungen. Mit Sillimanit-Hochofensteinen im Hochofenschacht und der Rast wurden z. T. recht gute Ergebnisse [6], meist aber keine besseren Ergebnisse als mit normalen Schamottesteinqualitäten, erzielt.

In neuester Zeit werden Graphitschamotteerzeugnisse in der Rast von Hochöfen in England versucht [7]. Sie haben sich unter den dortigen Betriebsbedingungen bisher besser bewährt als hochwertige Schamottesteine.
Die Versuche mit schmelzgegossenen Steinen sind noch im Gange. Die bisherigen Erfahrungen zeigten, daß diese porenfreien Erzeugnisse eine ausgezeichnete chemische Beständigkeit haben, jedoch stark abplatzen [8].

2. Ziel der Arbeiten

Es sollte das Verhalten und der Verschleiß hochwertiger Steinqualitäten im Hochofen im Vergleich zu den bisher üblichen Schamottesteinqualitäten untersucht werden, um Rückschlüsse auf die Eigenschaftswerte zu ermöglichen, die hauptsächlich das Verhalten eines Hochofensteines im Betrieb bestimmen.
Es wurden deshalb in zwei Hochöfen verschiedener Betriebsweise und Beanspruchungsart des feuerfesten Mauerwerks Versuchsfelder aus hochwertigen Schamottequalitäten im Schacht eingebaut. Weiterhin konnte in einem kleinen Versuchshochofen in der Rast der Verschleiß von drei hochwertigen Schamottequalitäten verschiedener Hersteller verfolgt werden. Zum Vergleich wurden Schamottesteine der bisher üblichen Schamottesteinqualitäten aus drei Hochöfen untersucht.
Wenn auch durch die teils sehr kleinen Versuchsfelder eine Beeinflussung des Verschleißes des umgebenden normalen Mauerwerks möglich ist, so war zu hoffen, aus der zonaren Veränderung der Steine und der Aufnahme von Flußmitteln und ihrer Reaktion mit dem Feuerfest-Material auf den Verschleißmechanismus schließen zu können.

3. Untersuchungen am Schachtmauerwerk von Hochofen I und II *

3.1 Einleitung

Für die Untersuchungen wurde Probematerial aus zwei ausgeblasenen Hochöfen entnommen. Hochofen I hatte einen Gestelldurchmesser von 7,5 m, 16 Windformen und war über seine gesamte Höhe gepanzert.
Der Schacht hatte eine Zustellung mit üblichen Schamottesteinen und besaß 30 Kühlkastenreihen mit je 32 Kühlkästen. Der Ofen wurde im Dezember 1956 angeblasen und war bis Dezember 1958 in Betrieb; danach wurde er erweitert und neu zugestellt.
Hochofen II hatte einen Gestelldurchmesser von 5,5 m, 10 Windformen und war bis einschließlich der Rast gepanzert. Der Schacht war mit Schamottesteinen zugestellt und gebändert. Seine Kühlung erfolgte über 21 Kühlkastenreihen mit je 24 Kühlkästen. Er wurde im September 1948 angeblasen und im Dezember 1961 stillgesetzt, um von Grund auf neu erstellt zu werden.
Beim Hochofen I wurden über den Windformen 7 und 15 Proben aus dem Schacht entnommen. Über der Form 7 wurde mit Kühlkastenreihe 5 begonnen und jeweils nach vier Reihen bis zur Reihe 33 weiteres Material geborgen. Über der Form 15 wurde ähnlich verfahren. Das Material wurde, ausgehend von Kühlkastenreihe 3, nach jeweils vier Reihen herausgebracht.
Hochofen II wurde einer anderen Probenahme unterzogen. Hier wurde zwischen den Formen 3 und 4 möglichst aus dem Bereich jeder Kühlkastenreihe eine Probe herausgebrochen, so daß ein ziemlich zusammenhängendes Bild der Ausmauerung vorlag.
Beim Ausräumen des Hochofens II stellte sich heraus, daß in den Reihen 2 und 3 Teile des Mauerwerks bzw. der Ansätze, die an dieser Stelle gesessen hatten, beim Herunterblasen vom herabgehenden Möller oder durch höhere als sonst an diesen Stellen auftretende Temperaturen entfernt worden waren. Es war daher nicht möglich, aus diesen beiden Reihen Untersuchungsmaterial zu bergen. Weiterhin ist anzunehmen, daß durch den starken Wasserzusatz beim Herunterblasen mit gedrosselter Windzufuhr Ansatz und Mauerwerk größere Feuchtigkeit aufnahmen, wobei wasserlösliche Bestandteile entfernt und auch mineralogische Änderungen im Mauerwerk aufgetreten sowie die Ansätze zum Niedergehen veranlaßt worden sein können. Dadurch war, in Verbindung mit möglicherweise mangelnder Vorsicht bei der Bergung des teils bröckligen Probematerials während der

* *Die Untersuchungen* wurden in Zusammenarbeit mit Herrn Dr. Gerd Kahlhöfer und Dr. Engelbert Overkott, August-Thyssen-Hütte, Werk Duisburg-Ruhrort, durchgeführt [9].

Ausbrucharbeiten an den Hochofenschächten, die Grenzschicht Mauerwerk-Ansatz in vielen Fällen nicht eindeutig zu bestimmen.

3.2 Chemische Untersuchungen an Steinen aus Hochofen I

Die Ergebnisse der chemischen Untersuchungen sind in Abb. 1 zusammengestellt. Die Zinkgehalte im oberen Schachtteil des Hochofens I sind recht beträchtlich. In Höhe der Kühlkastenreihe 33 und 31 erreichen sie Werte von 9%. In den tieferen Schachtzonen ist eine Abnahme der Zinkgehalte (19. Reihe 3% und 15. Reihe 0,65%) und von Reihe 11 an wieder eine Zunahme festzustellen. Größere Alkalimengen fanden sich bei Hochofen I erst im Bereich der 27. und 23. Kühlkastenreihe. In den darunter liegenden Zonen bis zur Reihe 11 waren keine wesentlichen Alkaliablagerungen zu bemerken. Von hier ab erfolgte dann wieder ein Anstieg von 6 auf 24 und 29% in den Reihen 7 und 5, um in Reihe 3 auf 6% abzusinken. Bei den Alkalien sind also zwei Zonen mit Alkalianreicherungen zu beobachten, die einmal zwischen den Reihen 23 und 27 und zum anderen zwischen der dritten und elften Reihe liegen.
Die Eisengehalte der ausgebrochenen Steine des Hochofens I liegen im Schnitt zwischen 1 und 2,5%. Einer Eisenanreicherung sind diese Gehalte wohl nicht gleichzusetzen, da sie auf die ursprünglichen Eisengehalte der Schamottesteine zurückzuführen sein dürften.
Im oberen Schachtteil wird ein verstärkter Angriff auf die feuerfeste Auskleidung festgestellt, der einer Anreicherung von Zink parallel geht. In der Schachtmitte sind die Zerstörungen geringer, wohingegen im Bereich der 5. und 7. Kühlkastenreihe ein erheblicher Verschleiß eingetreten war.

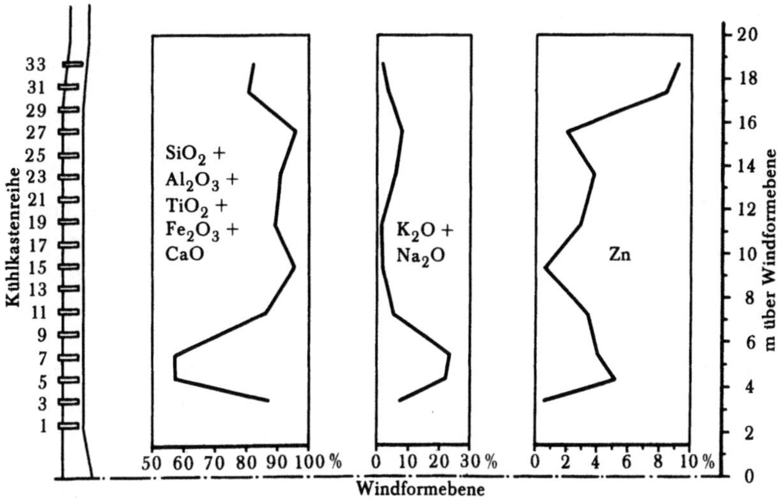

Abb. 1 Chemische Zusammensetzung des ausgebrochenen Schachtmauerwerks von Hochofen I in Abhängigkeit von der Schachthöhe

3.3 Chemische und röntgenographische Untersuchungen an Steinen aus Hochofen II

Während die Proben aus dem Hochofen I ohne weitere Aufteilung zur chemischen Analyse kamen, wurden die aus Hochofen II gebrochenen Steine in Zonen aufgeteilt. Hierdurch wurde einmal eine Trennung zwischen Stein und Ansatz ermöglicht, zum anderen konnte festgestellt werden, wieweit das Steinmaterial von anderen Stoffen durchsetzt war. Jeder ausgebrochene Stein wurde wie folgt in drei Zonen unterteilt:

a) heißeste Zone, die mit dem herabgehenden Möller in Berührung stand (etwa $1/3$ des Reststeines),
b) mittlere Zone, die sich daran anschließt und ungefähr das Mittelteil des Ausbruchs umfaßt und
c) kalte Zone, die am Ofenrand, dem Panzer bzw. der Bänderung anlag.

In Abb. 2 sind die chemischen Analysenwerte und der Mineralaufbau der heißen Steinzonen über der Schachthöhe aufgetragen.
Zink wurde im Schacht des Hochofens II nach der chemischen Analyse in größeren Mengen in zwei scharf begrenzten Bereichen gefunden. Im Bereich der Kühlkastenreihe 20 lagen 53% und in Höhe der Reihe 14 40% Zink vor. Der Zinkgehalt der Reihe 14 setzte sich aus 15% Zinkgranalien und 25% Zn zusammen. Mit Sicherheit kann jedoch gesagt werden, daß die in den Reihen 20 und 14 beobachteten hohen Zinkgehalte von einer Randschicht herrühren, da durch röntgenographische Untersuchungen keine nennenswerten Mengen von Zinkmineralien im Mauerwerk selbst festgestellt werden konnten. In Reihe 14 war der hohe Zn-Gehalt in einem Anflug auf der Steinoberfläche konzentriert. In diesem wurde met. Zn neben ZnO in erheblichen Mengen gefunden. In der heißen Zone des Steines dagegen waren nur geringe Mengen von ZnO zu ermitteln. Der hohe Eisengehalt von 5% weist auf eine beginnende Zerstörung des Steines hin. Die mineralogische Untersuchung zeigte diese Erscheinung am Rande des Steines. Zwischen den beiden Kühlkastenreihen sind keine nennenswerten Zinkgehalte vorhanden; in Reihe 15 tritt wieder ein Anstieg ein. Unterhalb der Reihe 13 mit 4,5% Zn sind nur noch geringfügige Anreicherungen zu bemerken. ZnO und Zn_2SiO_4 hatten sich noch in den unteren Teilen des Hochofenschachtes in den Steinzonen a und b der Kühlkastenreihe 7 gebildet, während in den Zonen a und c des vollständig verschlackten Steines der Reihe 5 röntgenographisch nur ZnO nachzuweisen war.
Im oberen Schachtteil traten relativ geringe Alkalimengen auf, die zwischen 2 und 3,5% lagen; diese Werte stiegen im Bereich der 15. und 13. Kühlkastenreihe auf 8,7 und 32,5% an, um in den darunterliegenden Reihen wieder auf Werte von 2% abzusinken. Röntgenographisch konnten in den beiden Steinzonen a und c der Kühlkastenreihe 15 neben den Mineralkomponenten aus dem Schamottestein (Mullit, Quarz, Cristobalit, Rutil) noch KCl (Sylvin) neben geringeren Mengen NaCl (Steinsalz) ermittelt werden, Bestandteile, die in entsprechenden

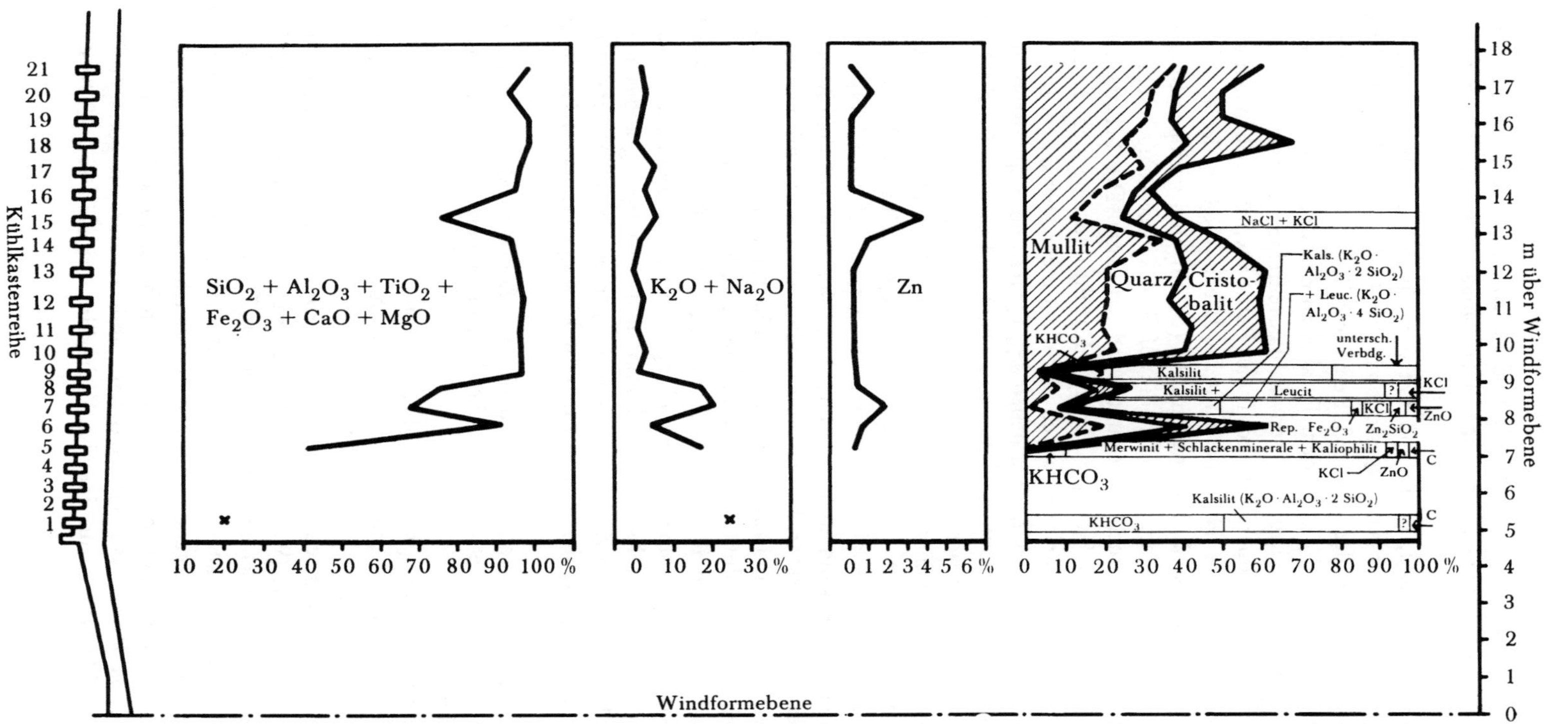

Abb. 2 Chemische und mineralogische Zusammensetzung der heißesten Zone der Schachtsteine aus Hochofen II

Steinzonen der Kühlkastenreihen 13 und 14 fehlen. Die in diesem Bereich nachgewiesenen Alkalimengen sind einer Übergangsschicht Mauerwerk-Ansatz zuzuordnen.

Im unteren Schachtteil, beginnend mit der Kühlkastenreihe 8, ind chemisch wieder große Alkalimengen festgestellt worden. In der Höhe der 8. Reihe wurden 17%, in den Steinen der 7. und 5. Reihe jeweils rd. 20% und im Bereich der 1. Kühlkastenreihe 29% gefunden. Parallel zu den chemisch beobachteten Anreicherungen von Alkalien in diesen Kühlkastenreihen läuft auch der röntgenographisch ermittelte Mineralbestand. In der Reihe 8 wurden neben den Mineralien aus dem Reststein als Hauptbestandteile Leucit ($K_2O \cdot Al_2O_3 \cdot 4\ SiO_2$) und Kalsilit ($K_2O \cdot Al_2O_3 \cdot 2\ SiO_2$) neben KCl (Sylvin) und geringen Mengen einer unbekannten Komponente gefunden, die auf Grund ihrer wenigen sehr schwachen Röntgeninterferenzen nicht bestimmt werden konnte. Der Schamottestein aus Reihe 9 hatte sich in $KHCO_3$ (Kalicinit), Kalsilit und eine nicht zu ermittelnde Verbindung zersetzt. Steinrest waren hier nicht mehr vorhanden. In der Reihe 7 wurden in der heißesten Zone a neben 7% Quarz und 3% Cristobalit aus dem Reststein noch an Mineralneubildungen Kalsilit und Leucit KCl, ZnO, Zn_2SiO_4 und etwas Fe_2O_3 beobachtet.

Die Zone b dieses Steines zeigte mit 10% Mullit, 8% Quarz und 7% Cristobalit eine geringfügige Zerstörung des Steinmaterials gegenüber der heißesten Zone a; daneben lagen an Mineralneubildungen noch Leucit, KCl, Zn_2SiO_4 und geringe Mengen einer unbekannten Verbindung vor. Der Stein aus dem Mauerwerk in Höhe der 5. Kühlkastenreihe war vollständig verschlackt und ließ neben Merwinit $Ca_3Mg(SiO_4)_2$ und anderen nicht näher bestimmbaren Schlackenmineralien noch $KHCO_3$, Kaliophilit, Kohlenstoff, ZnO und KCl erkennen.

Schließlich wurden in Reihe 1 der Steinzone a $KHCO_3$, Kalsilit, Kohlenstoff und eine nicht zu bestimmende Verbindung ermittelt, während in der Steinzone b außer Kohlenstoff dieselben Mineralkomponenten röntgenographisch bestimmt wurden. In der kälteren Zone c des Steines lagen neben den Mineralen des Ausgangssteines (29% Mullit, 3% Cristobalit und 1% Quarz) noch KCl und met. Pb vor.

Bei den Alkalien sind also im Ofen II zwei Zonen maximaler Ablagerungen abzugrenzen, die eine etwa in Schachtmitte, die andere im unteren Schachtteil des Hochofens.

Auffallend ist auch der große Anteil an CaO und MgO im Bereich der 5. Kühlkastenreihe, der darauf hinweist, daß in diesem Bereich bereits die Schlackenbildung eingesetzt hat.

Auch der Kohlenstoff wurde in zwei Ablagerungszonen beobachtet, einmal im Bereich der 13. Reihe (9,5%) und zum anderen zwischen der 1. und 5. Kühlkastenreihe. Da chemisch eine Gesamtkohlenstoffbestimmung durchgeführt wurde ist durch diese allein keine Klarheit über die Art des gefundenen Kohlenstoffs zu gewinnen. Die röntgenographische Untersuchung zeigte einmal, daß in den Reihen 1 und 5 der größere Teil der chemisch bestimmten C-Menge dem CO_3-Anion des $KHCO_3$ (Kalicinit) und zum anderen nur ein geringer Teil dem Spaltungskohlenstoff zuzuordnen ist. Weiterhin dürfte ein Teil der beobachteten

C-Menge auch vom Koksabrieb und Koksstückchen herrühren, die in einzelnen Anschliffen mikroskopisch zu erkennen waren.
Bekanntlich kann als Ablagerung am Mauerwerk von Hochöfen Spaltungskohlenstoff als Ergebnis der thermischen Disproportionierung von Kohlenmonoxyd (Boudouard-Gleichgewicht) in Gegenwart von katalytisch wirkenden feinteiligen Metalloxyden (z. B. Eisenoxyden) auftreten. Bei der elektronenmikroskopischen Untersuchung der verschiedenen Steinzonen wurde nun ein Spaltungskohlenstoff (Abb. 3) beobachtet, der mit den von R. W. Davis und Mitarbeitern [10] sowie T. Nemetschek [11] erhaltenen spiralförmigen Spaltungskohlenstoffasern nicht identisch war. Auf Grund dieses Ergebnisses wurden ein hämatitisches Eisenerz, kohlenstoffarme Eisenspäne und eine mit Eisen-II-chloridlösung getränkte Schamotte 3–5 Stunden lang bei 500° C einem Kohlenmonoxydstrom ausgesetzt und nach der Behandlung ebenfalls elektronenoptisch und röntgenographisch untersucht.

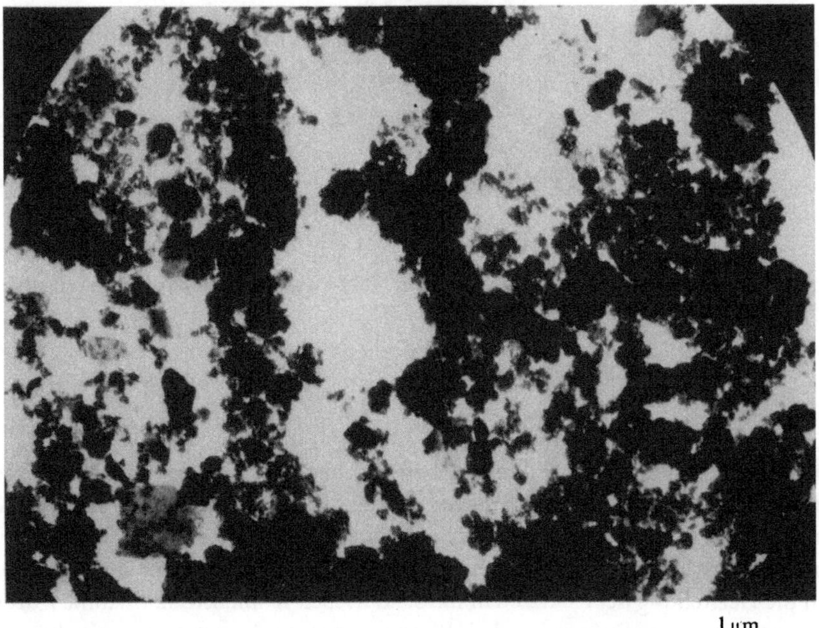

Abb. 3 Elektronenoptische Aufnahme einer Kohlenstoffablagerung in einem Schamottestein

Bei dem hämatitischen Eisenerz wurden nach der CO-Behandlung nur Spuren von spiralförmigen neben normalen Spaltungskohlenstoff beobachtet. Die kohlenstoffarmen Eisenspäne sowie der mit Eisen-II-chloridlösung getränkte Schamottestein (Abb. 4) zeigten dagegen sehr schön ausgebildete spiralförmige Spaltungskohlenstoffasern.

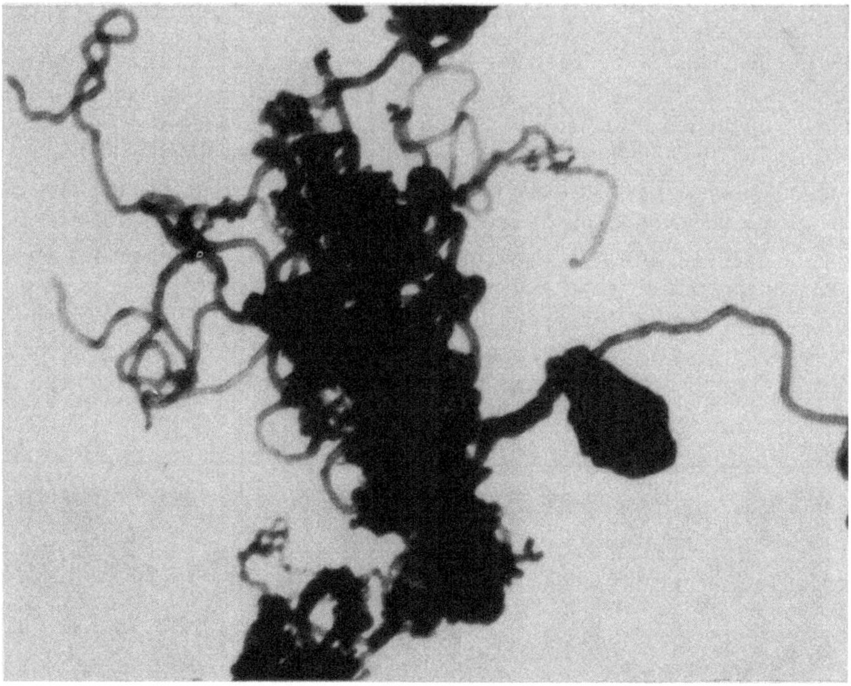

Abb. 4 Kohlenstoffablagerung in einem mit $FeCl_2$-Lösung getränkten Schamottestein nach CO-Behandlung

Die an dem Kohlenstoff der Steinproben durchgeführte Röntgenbeugung ergab diffuse und verbreiterte Interferenzen, deren Netzebenenabstände zu $d = 3{,}35$ und 3,38 bis 3,39 bestimmt wurden, was darauf hinweist, daß ein höherer Ordnungsgrad als bei mikrokristallinem Kohlenstoff, z. B. Ruß, vorliegt.
Für die Herstellung der elektronenmikroskopischen Kohlenstoffaufnahme wurden die verschiedenen Steinzonen bei Raumtemperatur 14 Stunden mit 40%iger Flußsäure behandelt, um alle Verbindungen zu zerstören. Nach dieser Behandlung wurde mit heißer Salzsäure (1:1), heißem und kaltem destilliertem Wasser säurefrei und mit Äthylalkohol nahezu wasserfrei gewaschen. Anschließend wurden die Proben getrocknet und mit Äthylalkohol für die Aufnahme präpariert. Elektronenmikroskopische und röntgenographische Aufnahmen zeigten jedoch nach dieser Präparationstechnik neben Kohlenstoff noch rechteckige Teilchen, die neugebildeten kubischen Elpasolith (NaK_2AlF_6) zuzuordnen waren. Durch Kochen mit 25%iger Kalilauge konnte diese Verbindung dann zerstört werden, so daß letztlich für die Aufnahmen nur reiner Kohlenstoff vorlag.

In der 20. Kühlkastenreihe wurden 4,8% und in der 5. Reihe 13,3% Eisen gefunden, während in allen übrigen Reihen nur 1–2% Fe_2O_3 bestimmt wurden. Diese geringen Fe-Gehalte dürften ausschließlich auf die Eisengehalte im Schamottestein zurückzuführen sein.
Der größte Teil der unverändert gebliebenen feuerfesten Ausmauerung setzte sich aus rd. 22% Mullit, 19% Quarz und 21% Cristobalit zusammen. Die röntgenographisch ermittelten Mullit-, Quarz- und Cristobalitmengen der Steinzone a sind praktisch die gleichen wie bei den Zonen b und c. Auf Grund dieses Mineralbestandes dürfte es sich bei dem eingebauten Steinmaterial um einen Quarzschamottestein handeln. Ab der 14. Kühlkastenreihe bis zum obersten Teil des Hochofens war eine andere Steinqualität mit durchschnittlich 30 bzw. 40% Mullit, 5% Quarz und 11% Cristobalit eingebaut worden, was einer Schamottesteinqualität A III–A I entsprechen würde. Ergänzend sei hier noch darauf hingewiesen, daß im Hochofen I eine Schamottesteinqualität A I mit 39–42% Al_2O_3 zur Ausmauerung Verwendung fand.
Hier sei nochmals darauf hingewiesen, daß das Hineindiffundieren der Alkalien und des Zinks in das Steinmaterial der Zonen b und c sehr stark gegenüber der Zone a zurückgegangen und an manchen Stellen bereits zum Stillstand gekommen ist. Das bedeutet, daß dem Hinein- und Hindurchdiffundieren der verschiedenen Elemente durch den Schamottestein Grenzen gesetzt sind. Eine vollständige Durchdringung der feuerfesten Auskleidung wird nur dadurch ermöglicht, daß die im Ofeninnern gelegene Zone im Laufe der Zeit einmal durch mechanische Beanspruchung, zum anderen aber auch durch die Durchsetzung mit den beschriebenen Elementen und Neu- und Umbildungen der Mineralkomponenten zerstört und abgetragen wird. Hierdurch werden immer wieder neue Schichten an die Reaktionsträger gebracht, so daß der Vorgang von neuem einsetzt.

3.4 Mikroskopische Untersuchungen

Zur Abrundung des Bildes über den Verschleiß des Hochofenmauerwerks sei noch kurz auf die mikroskopischen Untersuchungsergebnisse von Hochofen I und II eingegangen. Beim Material aus dem Hochofen I wurden von der ofenseitigen Steinoberfläche Anschliffe hergestellt. Aus den Schliffbildern geht eindeutig hervor, daß die Zerstörung des Steinmaterials von Ofen I weitaus geringer als von Ofen II war. Bei nahezu allen Anschliffen der Ausbruchsproben von Hochofen I war das ursprüngliche Steingefüge erhalten geblieben. Infiltrationen waren höchstens in unmittelbarer Nähe der Arbeitszone zu entdecken, die dort zu einer Verdichtung führten.
Lediglich im Bereich der 3. und 5. Kühlkastenreihe war ein stärkerer Angriff festzustellen; man befindet sich hier aber bereits im Bereich der Schlackenbildungszone und im Bereich höherer Temperaturen.
Im Gegensatz zu den Schamottesteinen aus Hochofen I zeigten die aus Hochofen II untersuchten Steine sehr starke Infiltrationen, die mit der Zerstörung des ursprünglich vorhandenen quarzreichen Schamottesteines parallel liefen und zu

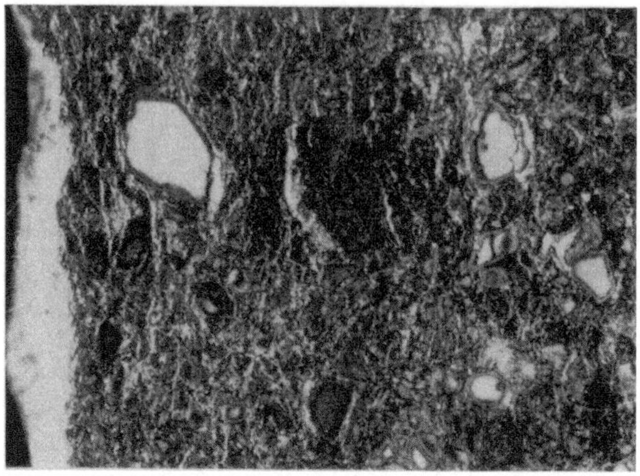

heiße Zone

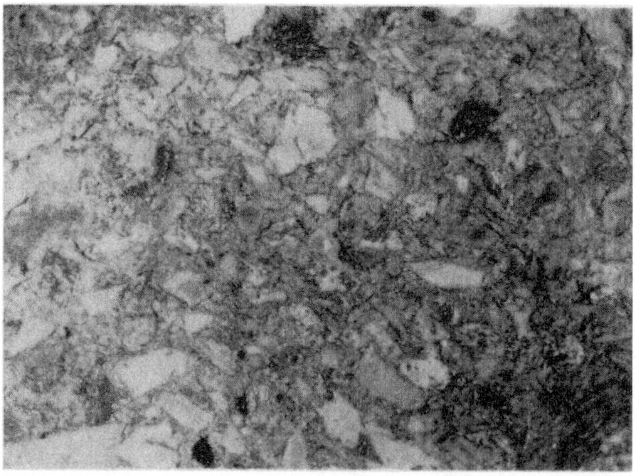

mittlere Zone

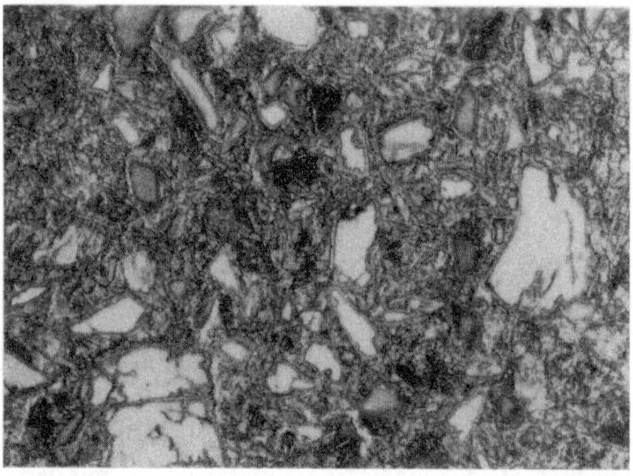

kalte Zone 2 mm

Abb. 5 Gefügeänderungen in einem quarzreichen Schamottestein aus Hochofen II von der heißen zur kalten Zone hin

einer starken Verdichtung der entsprechenden Steinschicht geführt haben. Das ursprünglich grobkörnige Gefüge wurde in ein feinkörniges umgewandelt (Abb. 5) Daneben treten aber auch ausgesprochene Auflockerungs- und Zerklüftungserscheinungen auf, weil in diesen Fällen vorwiegend das Bindemittel im Stein durch den Angriff der Alkalien stark in Mitleidenschaft gezogen worden ist. Im unteren Schachtteil ist die Zerstörung soweit fortgeschritten, daß man kaum noch ursprüngliche Steinbestandteile erkennen kann.
Von der 5. Kühlkastenreihe abwärts befinden wir uns in der Zone sehr starker Möllererweichung, wenn nicht sogar schon in der Schlackenbildungszone (Abb. 6). Die oben erwähnten Infiltrationsschichten, die eine Verdichtung des Materials zur Folge hatten, scheinen in einigen Fällen eine Schutzschicht im Stein darzustellen, die einer weiteren Zerstörung und Auflösung des Gefüges Einhalt gebieten. Durch die mineralogische Untersuchung ist die auf Grund der chemischen Analyse getroffene Feststellung, daß dem Hineindiffundieren der Fremdstoffe in den Stein Grenzen gesetzt sind, bestätigt worden.

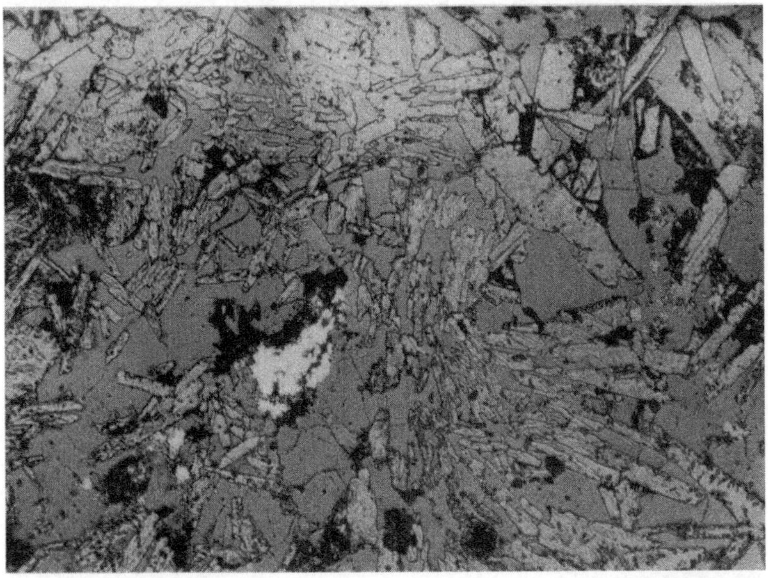

Abb. 6 Schliffbild aus der Schlackenbildungszone des Hochofen II

Die Abb. 7–9 aus dem Bereich der Kühlkastenreihe 1 von Hochofen II zeigen anschaulich, wie die eingewanderten Stoffe den Schamottestein angreifen und durchsetzen. So kann das stark infiltrierte Material Schichten bilden und abplatzen. Die Quarzkörner zeigen z. T. Umwandlungssäume, und die infiltrierte Substanz kann auf den Korngrenzen der Körner durch Volumzunahme ebenfalls zur

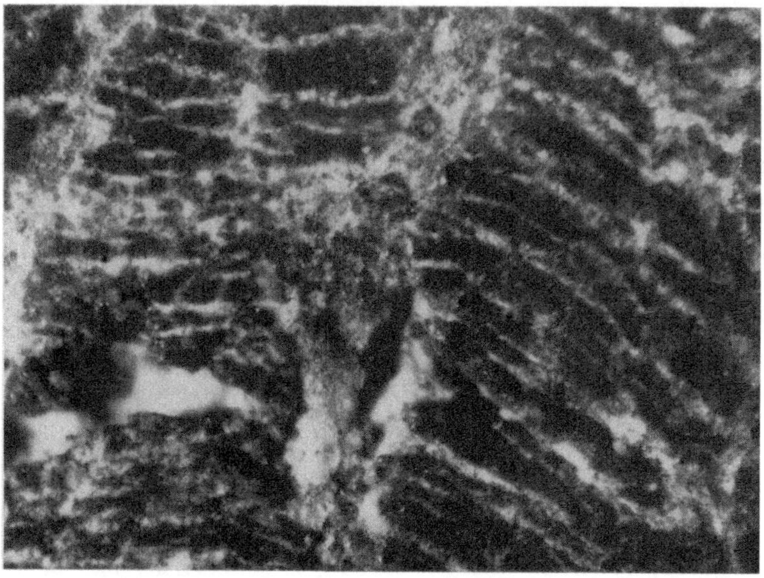

0,5 mm

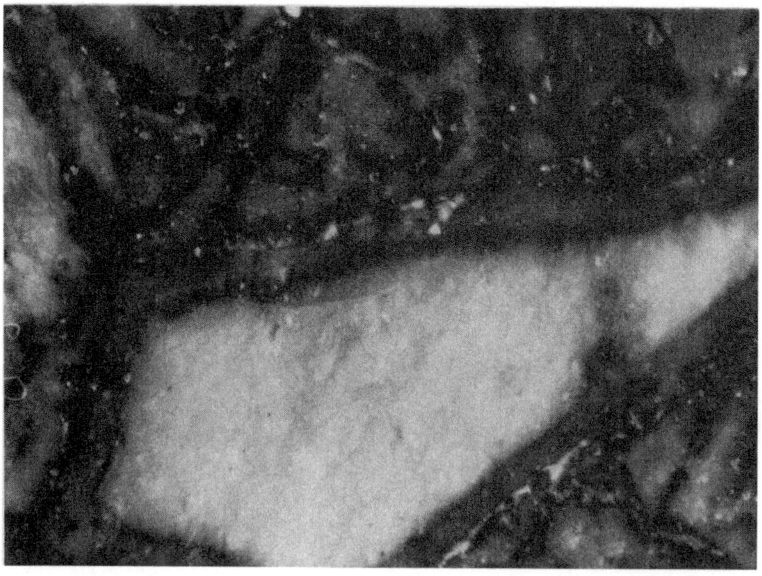

0,5 mm

Abb. 7 Gefügeauflösung und Schichtenbildung
Abb. 8 Umwandlungssäume an Quarzkörnern

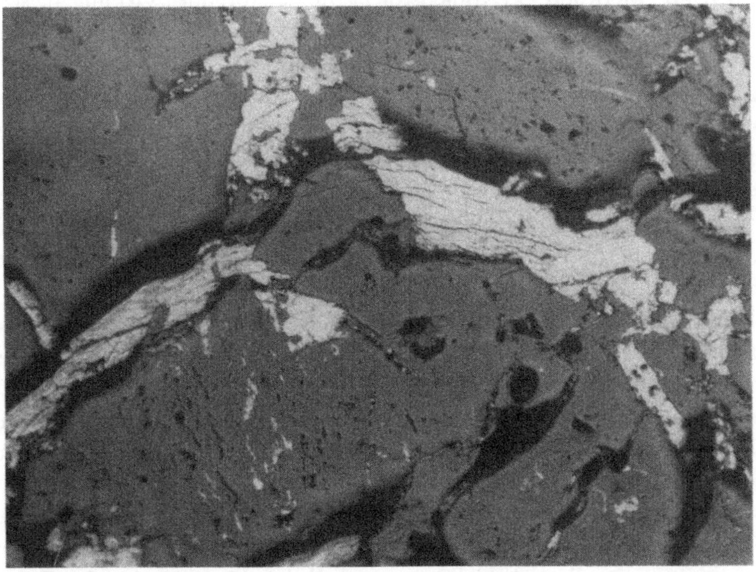

0,1 mm

Abb. 9 Infiltration und Mineralneubildungen an Korngrenzen

Abplatzung führen. In Anschliffen aus dem höheren Schachtbereich erkennt man Umwandlungen an den Säumen und starke Rißbildungen in den Quarzkörnern. In Höhe der Kühlkastenreihe 14 sind metallisches Zink und Zinkoxydverbindungen neben einer Verdichtung des feuerfesten Materials zu beobachten. Eine Kühlkastenreihe darüber hat eine sehr starke Gefügeveränderung stattgefunden; das noch vorhandene Material zeigt ein sehr feinkörniges Aussehen. Die Zerstörung hat auch hier wieder durch Rißbildung und Sprengung der Quarzkörner eingesetzt. Bei der Probe von Reihe 18 ist ein Einschluß von Eisen oxydischer Art, erkennbar. Im Bereich der Kühlkastenreihe 20 sind Umwandlungen analog denen der Reihe 15 mit Veränderungen an den Säumen und Rißbildungen zu beobachten. Bei den Infiltrationen handelt es sich um Zinkverbindungen, die auch in einem Einschluß festgestellt wurden.

3.5 Zusammenfassung

Im Schachtmauerwerk reichern sich vor allem im unteren Teil des Hochofens die Alkalien, Zink, Blei und Kohlenstoff, an, die in die feuerfeste Hochofenauskleidung infiltrieren und dieselbe zerstören. So wurden im unteren Teil des Schachtes in den Kühlkastenreihen 1–9 an Mineralneu- und -umbildungen beobachtet: $KHCO_3$ (Kalicinit), $KAlSiO_4$ (Kalsilit und Kaliophilit), KCl (Sylvin), $KAlSi_2O_6$ (Leucit), $Ca_3Mg(SiO_4)_2$ (Merwinit), Zn_2SiO_4 (Willemit), ZnO (Zinkit), met. Pb (Blei) und C (Kohlenstoff). Die zerstörende Wirkung dieser Infiltrationen ist in den heißen Steinzonen am stärksten und nimmt zu den kälteren Zonen hin ab.

Die z. T. hohen Gehalte an CaO und MgO der heißen Zone der Steine im Bereich der ersten Kühlkästen weist darauf hin, daß in diesen Zonen mit Schlackenangriff auf das Mauerwerk zu rechnen ist.

In der Mitte des Hochofenschachtes in der 15. Reihe beobachtet man eine Infiltration von Alkalien in die heißeste Steinschicht unter Bildung von NaCl und KCl. In dem oberen Teil des Schachtmauerwerks ließ sich keine Zerstörung an der feuerfesten Auskleidung erkennen.

Die Korngröße des Kohlenstoffs nimmt von der heißen zur kalten Zone hin ab. Spiralförmiger Spaltungskohlenstoff ließ sich in den Schamottesteinen aus dem Schachtmauerwerk des Hochofens II nicht nachweisen. Bei Schamottesteinen, die mit $FeCl_2$-Lösung getränkt worden waren, wurden dagegen nach Behandlung mit Kohlenmonoxyd bei 500° C größere Mengen des spiralförmigen Spaltungskohlenstoffs beobachtet.

Die systematischen Untersuchungen über die Zerstörungserscheinungen am Schachtmauerwerk haben gezeigt, daß sich eine Zustellung mit sauren Schamottesteinen unter diesen Betriebsbedingungen und den zu verarbeitenden Rohstoffen als günstig erwies, da der so zugestellte Hochofen – mit Ausnahme einiger kleinerer Reparaturen – 13 Jahre im Einsatz stand.

4. Untersuchung an Schamottesteinen aus dem Schacht und der Rast des abgebrochenen Hochofens III

4.1 Einleitung

Aus dem Hochofen III, der 23 Jahre im Betrieb stand und in dieser Zeit etwa 2 Mill. kohlenstoffarmes Roheisen herstellte, standen Schamottesteine aus den verschiedenen Stellen des Ofens zur Verfügung. Der Schacht war mit einer DHII-Schamottequalität, die Rast und der Boden mit einer DHI-Schamottequalität zugestellt. Der Ofen hatte einen Gestelldurchmesser von 5 m, die Gesamthöhe des Ofens betrug etwa 22 m.
Bei den Untersuchungen der Probesteine sollte die Frage der Veränderung der keramisch-physikalischen Daten der Steine durch die Beanspruchung an den verschiedenen Mauerwerksteilen des Hochofens studiert werden. Untersucht wurden Steine aus dem mittleren und unteren Teil des Schachtes und der Rast. Zur Bestimmung der Porosität, der Gasdurchlässigkeit und Kaltdruckfestigkeit wurden Normzylinder aus den einzelnen Zonen der Steine herausgebohrt und zusätzlich an entsprechenden Proben die Dichte, der Alkali- und Erdalkaligehalt sowie der Kohlenstoffgehalt bestimmt.
Die Steine selbst zeigten nach Zersägen z. T. örtlich sehr unterschiedliche Verfärbungen innerhalb eines Steines, jedoch keine Risse. Die äußerste Reaktionszone wurde bei diesen Untersuchungen nicht erfaßt; sie war meist schmal und z. T. nicht mehr am Stein vorhanden; sie ist möglicherweise beim Ausbruch der Steine verlorengegangen. Die Untersuchungsergebnisse zeigt Tab. 1.

4.2 Chemische und mineralogische Untersuchungen

Gegenüber den vorher beschriebenen Untersuchungen an gebrauchten Steinen aus entsprechenden Einbaustellen anderer Hochöfen drangen nur verhältnismäßig geringe Mengen an Alkalien in die Steine ein. Die Alkaliaufnahme nimmt vom mittleren Teil des Schachtes abwärts bis zum Kohlensack ab; bei den Steinen aus der Rast wurde praktisch keine Aufnahme an Alkalien festgestellt. Der CaO- und MgO-Gehalt der heißen Seite der Steine hat sich gegenüber der kalten Seite nicht verändert und dürfte dem Gehalt des ursprünglich im Stein vorhandenen CaO und MgO entsprechen. ZnO wurde von allen Steinen, unabhängig von der Lage im Ofen, von im Mittel 0,7% aufgenommen und liegt ziemlich gleichmäßig verteilt von der heißen zur kalten Seite der Steine vor. Der freie Kohlenstoffgehalt, der Glühverlust und der Gesamtkohlenstoffgehalt in den Steinen nehmen parallel der Aufnahme an Alkalien von der Mitte des Schachtes zur Rast hinab ab.

Tab. 1 Untersuchungen an gebrauchten Schamottesteinen aus dem Hochofen III

	Zone	mm	Ungeglühte Substanz ZnO %	CaO %	MgO %	Na_2O %	K_2O %	Freier C (750°C)	Glüh-verlust	Gesamt-C	Dichte g/cm³	Roh-dichte g/cm³	Offene Poren %	Gesamt-poren %	KDF kg/cm²	GDL nPm	Mullit	Cristobalit	Quarz	Rest auf 100%
Stein 1	1	40	0,35	0,36	0,8	0,7	6,75	0,68	4,44	1,56	2,65	2,24	11,0	15,4	450, 630	<1,2	20	3	1	76
mittlerer	2	45	0,68	0,53	0,65	0,65	5,70	0,73	5,1	0,9	2,62	2,20	12,0	15,8	380, 310	<1,2	21	3	1	75
Schachtteil	3	55	0,55	0,5	0,8	0,68	3,5	0,6	4,78	0,95	2,58	2,15	13,6	16,6	310	1,95	22	3	1	74
	4	30	0,53	0,4	0,65	0,43	2,9	0,2	2,5	0,35	2,65	2,16	12,1	18,4	450, 720	0,9	27	3	1	69
	5	30	0,42	0,4	0,63	0,47	2,35	0,4	3,4	0,82	2,65	2,17	11,4	18,1	450, 570	<1,25	29	2	1	68
		190																		
Stein 2	1	30	1,4	0,38	0,57	0,95	5,75	0,68	5,48	0,9							28	6	1	65
unterer	2	30	0,62	0,43	0,58	1,1	5,4	0,38	3,47	0,76	2,64	2,10	16,9	20,5	440, 410	6,7; 8,9	29	6	1	64
Schachtteil	3	30	0,71	0,45	0,58	0,5	3,1	0,24	1,83	0,46	2,65	2,14	12,7	19,3	650, 770	0,7; 0,9	33	7	2	58
	4	70	0,54	0,35	0,6	0,45	2,7	0,2	1,22	0,3	2,66	2,14	13,9	19,4	510, 430	<1,2	36	7	1	56
		160																		
Stein 3	1	45	0,43	0,4	0,65	0,4	3,3	0,37	2,87	0,55	2,65	2,09	17,6	22,2	410, 420	5,9; 16,8	36	3	1	60
Kohlesack	2	45	0,77	0,42	0,65	0,37	2,8	0,21	1,74	0	2,66	2,10	16,8	22,2	500, 380	5,5; 21,3	37	3	1	59
	3	50	0,69	0,42	0,65	0,32	2,6	0,14	1,0	0,28	2,67	2,11	16,0	22,1	420, 510	3,6; 8,5	38	3	1	58
	4	40	0,45	0,47	0,65	0,3	2,6	0,3	1,0	0,5	2,67	2,13	14,5	20,2	430, 440	3,4; 2,1	38	3	1	58
	5	45	0,38	0,44	0,68	0,35	2,7	0,25	0,74	0,36	2,67	2,13	13,9	20,2	390, 350	5,1; 1,7	39	0	1	60
		225																		
Stein 4	1	60	0,55	0,46	0,68	0,32	2,48	0,14	0,42	0,3	2,66	2,12	14,6	20,3	410	2,35	41	1	1	57
Rast oben	2	40	0,46	0,46	0,65	0,43	2,46	0,24	1,04	0,24							37	1	1	61
	3	50	0,53	0,41	0,65	0,4	2,44	0,27	1,5	0,5							36	2	1	61
		150																		
Stein 5	1	90	0,43	0,37	0,52	0,34	2,36	0,06	0,2	0,06	2,70	2,18	12,0	19,3	520	2,4	31	4	1	64
Rast unten	2	70	0,89	0,38	0,55	0,34	2,46	0,08	0,45	0,15	2,68	2,17	14,0	19,0	440	1,6	37	4	0	59
	3	90	0,41	0,4	0,55	0,3	2,4	0,06	0,45	0,15	2,68	2,17	14,7	19,0	390	3,9	36	0	1	63
		250																		

Stein 1–3 DH II-Qual. Al_2O_3 34–35%, TiO_2 1 %, Fe_2O_3 2,4%
Stein 4–5 DH I-Qual. Al_2O_3 37%, TiO_2 1,8%, Fe_2O_3 1,9%

Im Schacht hat die heißeste Zone die höchsten Gehalte an freiem Kohlenstoff, während in den kälteren Steinzonen der Kohlenstoffgehalt gleichmäßig verteilt vorliegt. In den Steinen aus der Rast konnte nur ein sehr geringfügiger Gehalt an freiem Kohlenstoff gefunden werden.
Wegen der geringen Änderung der chemischen Zusammensetzung treten auch nur geringe Verschiebungen im Mineralaufbau der Steine ein. In den Steinen, die Alkalien aufgenommen hatten, konnten in der ersten heißen Zone Leucit und Kalsilit und auch – etwas tiefer in den Stein hinein – geringe Mengen an KCl und NaCl nachgewiesen werden; der Mullitgehalt nimmt zur heißen Seite deutlich ab. Die Steine aus dem Kohlensack und der Rast zeigen keine Änderung des Mineralaufbaus zur heißen Seite hin.

4.3 Keramisch-physikalische Untersuchungen

Bemerkenswert sind die Veränderungen der Gesamtporosität und der Gasdurchlässigkeit in den einzelnen Zonen der Steinqualität DH II aus den verschiedenen Höhen des Schachtes. Während im mittleren Teil des Schachtes durch die merkliche Alkaliaufnahme (4,5%) eine Verdichtung der heißen Steinzonen parallel mit einer Verringerung der Gasdurchlässigkeit eintritt, erkennt man bei den Steinen aus dem Kohlensack mit nur geringer Aufnahme an Alkalien (0,4%) eine Porositätserhöhung zur heißen Seite hin mit einer gleichzeitigen deutlichen Erhöhung der Gasdurchlässigkeit. Die höhere Betriebstemperatur im unteren Teil des Schachtes, die Texturänderungen hervorruft, und die geringe Aufnahme an Alkalien führt zu einer Erhöhung der Porosität der Steine, aber insbesondere der Gasdurchlässigkeit, die wesentlich empfindlicher auf Änderungen im Porenaufbau, wie z. B. die Ausbildung grober Poren, anspricht.
Die geringe Porosität der kalten Seite der Steine läßt vermuten, daß insgesamt gesehen durch die langzeitige Beanspruchung der Steine bei den wenn auch verhältnismäßig niedrigen Temperaturen (eine Alkaliaufnahme ist nicht zu beobachten) es zu einer Verdichtung der Steine gegenüber dem Anlieferungszustand kommt. Die Prüfung der Kaltdruckfestigkeit nach DIN 51067 ergibt innerhalb einer Steinqualität und innerhalb eines Steines selbst starke Schwankungen [12], so daß die gefundenen Kaltdruckfestigkeiten der einzelnen Steinzonen dahingehend ausgewertet werden können, daß praktisch keine Veränderungen der Festigkeit der Steine aus den verschiedenen Ofenzonen und in den einzelnen Steinzonen aufgetreten sind, obwohl z. T. Änderungen der Gesamtporosität und der Gasdurchlässigkeit zu beobachten waren. Durch die Abscheidung geringer Mengen von Kohlenstoff und die Aufnahme geringer Mengen von ZnO tritt keine Lockerung des Gefüges ein; auch eine geringe Aufnahme von Alkalien bringt keine Verschiebung in den Festigkeitswerten.

4.4 Zusammenfassung

Normal gebrannte Schamottehochofensteine mit mittlerem Tonerdegehalt und verhältnismäßig hohem Alkaligehalt ergeben bei der langzeitigen thermischen Beanspruchung im Hochofenmauerwerk eines nicht forciert betriebenen Hochofens in den Steinzonen niedrigere Temperatur auch ohne Aufnahme von Alkalien ein Schwinden unter gleichzeitiger Verringerung der Gesamtporosität und der Gasdurchlässigkeit. Bei höheren Betriebstemperaturen bzw. in den heißen Steinzonen beobachtet man eine höhere Porosität und eine Zunahme der Gasdurchlässigkeit gegenüber der kälteren verdichteten Seite der Steine, zurückzuführen auf Änderungen in der Porentextur und ein geringes Blähen bzw. Dehnen durch die Aufnahme geringer Mengen an Fremdoxyden.

5. Vergleichsversuche mit einer hochgebrannten alkaliarmen Schamottesteinqualität und einer normalen Schamottehochofensteinqualität im Schacht des Hochofens IV

5.1 Einleitung

Ein 1 m^2 großes Versuchsfeld aus hochgebrannten alkaliarmen Schamottesteinen (A) wurde im Schachtteil, in dem der stärkste Verschleiß auftritt, neben einer üblichen Schamottesteinqualität (B) eingebaut. Durch Entfernen eines Kühlkastens kann der Verschleiß der beiden Steintypen laufend überprüft werden. Der Hochofen befindet sich noch im Betrieb.

5.2 Eigenschaften der Steine im Anlieferungszustand

Wie aus Tab. 2 zu erkennen ist, unterscheiden sich beide Qualitäten deutlich im Alkaligehalt und in der Porosität:

Steinqualität A 0,2% Alkalien; 20% Gesamtporen
Steinqualität B 2,2% Alkalien; 22,3% Gesamtporen

Die übrigen Eigenschaftswerte wie Gehalt an Al_2O_3, TiO_2, Fe_2O_3 sowie Kaltdruckfestigkeit, ta-Wert und Abriebfestigkeit sind praktisch gleich.

5.3 Verhalten der Steine im Betrieb

Nach etwa dreijähriger Betriebszeit war die Reststärke beider Steinqualitäten gleich; bei genauer Betrachtung ließ sich jedoch annehmen, daß der Stein (B) etwas besser stand. Die Dicke des Mauerwerks betrug, gemessen an der Kühlkastenseite, noch etwa 300 mm. Auch die früheren Besichtigungen zeigten den selben Verschleiß bei den beiden Steinsorten.

Es wurden von beiden Steintypen Proben durch Abschlagen der Steinkanten entnommen. Es fiel auf, daß sich vom Stein (B) größere Eckstücke abschlagen ließen als vom Stein (A); die Qualität (B) scheint nach dieser Beobachtung weniger schlagfest zu sein.

5.4 Untersuchung der entnommenen Proben

Die Probestücke wurden soweit möglich in 3 Zonen unterteilt und wie folgt bezeichnet: Ansatz, Zwischenzone, Stein. Wegen der starken Inhomogenität und der Kleinheit der Proben muß eine vergleichende Gegenüberstellung der Zonen beider Steinqualitäten mit Vorsicht vorgenommen werden.

Tab. 2 Eigenschaftswerte der in Hochofen IV eingebauten Schamottesteinqualitäten

Steinqualität		A	B
SiO_2	%	54,1	55,2
Al_2O_3	%	41,6	39,3
TiO_2	%	0,9	1,6
Fe_2O_3	%	2,1	2,1
CaO	%	0,75	0,85
MgO	%	0,2	0,3
Na_2O	%	0,13	0,25
K_2O	%	0,07	1,70
Dichte	g/cm^3	2,75	2,69
Rohdichte	g/cm^3	2,20	2,09
Gesamtporosität	%	20	22,3
Gasdurchlässigkeit	nPm	2–3	4–6
Kaltdruckfestigkeit	kg/cm^2	360–385	380–395
DIN-t_a	°C	1520	1500
DIN-t_e	°C	1670	1620
Abrieb (nach 600 m Schleifweg)	cm^3/cm^2	0,234	0,234

Tab. 3 Zusammensetzung der aus Hochofen IV ausgebrochenen Steinstücke der Qualität A (Analyse der getrockneten Substanz)

	Ansatz untere Kante %	Zwischenzone untere Kante %	Stein obere Kante %	Stein untere Kante %
SiO_2	4,3	10,9	24,2	28,4
Al_2O_3	5,0	13,9	31,1	27,8
TiO_2	0,8	0,3	0,7	0,5
Fe_2O_3	1,0	0,3	0,9	1,4
CaO	0,4	0,3	0,4	0,4
MgO	0,3	0,5	0,4	0,55
Na_2O	2,4	2,3	2,1	1,35
K_2O	23,8	26	14	16
ZnO	50	34	23	28
Gesamtglühverlust	8,7	8,7	4,2	5,0
Summe	96,7	97,2	101	99,4
Wasserlöslicher Anteil	34,5	37,5	21,0	22,6

Die Ergebnisse der chemischen Analyse an der getrockneten Substanz sind in Tab. 3 und in Tab. 4 zusammengestellt. Der Gehalt an ZnO wurde spektralanalytisch ermittelt.

Interessant ist, daß Stein (A) wesentlich mehr Alkalien aufgenommen hat als Stein (B), was bestätigt wird durch den höheren Gehalt an wasserlöslichen Verbindungen, ebenfalls liegt der Gesamtglühverlust höher. Eigenartigerweise hat bei beiden Steinqualitäten der Ansatz einen sehr niedrigen CaO- und Eisenoxydgehalt.

Mit Hilfe röntgenographischer Untersuchungen an der getrockneten Analysenprobe wurde bei beiden Steintypen folgende neue Verbindungen gefunden: ZnO, K_2CO_3, KCl, Kalsilit und Korund. Da ursprünglich kein Korund in den Steinen vorhanden war, rührt der Korund in der verschlackten Steinschicht vom Zerfall des Mullits her. Beim Stein (B) konnte in der Steinzone auch Willemit (Zn_2SiO_4) nachgewiesen werden. In allen Proben wurde die Interferenz einer bisher nicht identifizierbaren Verbindung gefunden.

Obwohl man nach dem Aussehen der Proben vermuten kann, daß auch metallisches Zn vorliegt, wurde röntgenographisch kein metallisches Zn gefunden. Die röntgenographische Nachweisgrenze liegt für manche Verbindungen, die im Hochofen auftreten können, verhältnismäßig hoch. Es wurden deshalb örtliche Präparationen an den Probestücken vorgenommen. Meist handelte es sich um weißlich bis gelblich-grüne Schichten oder um traubig-niedrige Nester, die

Tab. 4 Zusammensetzung der aus Hochofen IV ausgebrochenen Steinstücke der Qualität B
(Analyse der getrockneten Substanz)

	Ansatz		Zwischen-zone	Stein	
	obere Kante %	untere Kante %	untere Kante %	obere Kante %	untere Kante %
SiO_2	2,6	3,4	10,1	24,6	28,4
Al_2O_3	3,8	5,9	12,5	34,6	31,7
TiO_2	0,3	0,2	0,3	0,9	0,8
Fe_2O_3	0,3	0,1	1,5	1,6	1,1
CaO	0,25	0,2	0,2	0,3	0,3
MgO	0,3	0,3	0,3	0,3	0,4
Na_2O	1,7	0,9	0,9	0,8	0,6
K_2O	21	14,8	11,5	6,3	5,4
ZnO	43	53	43	30	27
Gesamt-glühverlust	6,8	7,2	3,5	2,9	1,9
Summe	90,0	86	83,8	102,2	97,6
Wasserlöslicher Anteil	16,3	14,9	15,3	5,9	8,0

herauspräpariert und untersucht wurden. Neben den oben angeführten Verbindungen wurden in der Steinzone weiterhin gefunden: $Zn(CN)_2$, KCN und mit gewissem Vorbehalt $K_3(Fe(CN)_6)$, sowie $K_4(Fe(CN)_6)$, welches nur im Stein (B) in der Steinzone auftrat. Die beiden letzten Verbindungen sind röntgenographisch nicht ganz eindeutig nachweisbar, da sehr viele Interferenzen mit anderen koinzidieren und die Verbindungen nur in geringer Menge vorhanden sein können, jedoch konnte auch qualitativ chemisch CN^-, $(Fe(CN)_6)^{4-}$ und $(Fe(CN)_6)^{3-}$ nachgewiesen werden. Überraschend ist die Feststellung, daß im Stein (B) örtlich hauptsächlich KCl, im Stein (A) hauptsächlich K_2CO_3 abgelagert wird, wofür keine Erklärung gefunden werden konnte.
Elektronenoptische Aufnahmen des mit Flußsäure isolierten Mullits aus der Steinzone zeigten einen gut ausgebildeten nadelförmigen Mullit; Größe und Ausbildungsform des Mullits sind bei beiden Steinqualitäten als gleich anzusprechen.

5.5 Zusammenfassung

Ein flußmittelreicher Schamotte-Hochofenstein zeigte nach dreijähriger Betriebszeit den gleichen Verschleiß wie ein alkaliarmer hochgebrannter Schamottesonderstein mit einer Porosität von 20%. Auffallend ist, daß der flußmittelreiche Stein weniger Alkalien aufgenommen hatte, was damit erklärt werden kann, daß das Eindringen von Alkaliverbindungen durch eine genügende Menge ursprünglich im Stein vorhandenen Alkaliglases herabgesetzt wird, eine Auffassung, die auch von englischer Seite vertreten wird. Andererseits zeigten die Untersuchungen an Steinen aus Hochofen III, daß flußmittelreiche Schamottesteine mit mittlerem Al_2O_3-Gehalt bei längeren Betriebszeiten nachschwinden, wodurch die Porosität herabgesetzt und damit die Aufnahme von Alkalien gebremst wird.

6. Untersuchungen an gebrauchten Steinen verschiedener Qualität aus dem zur Reparatur abgestellten Hochofen V

6.1 Einleitung

In dem Hochofen V wurden drei verschiedene Typen von Sondersteinen eingebaut, während der größte Teil des Hochofens aus einer gängigen Steinqualität bestand. Die Sondersteine wurden in der 29. Kühlkastenreihe, d. h. im ersten Mauerwerk unter dem Schlagpanzer, und in der 10. Kühlkastenreihe im unteren Schachtdrittel an der Stelle des stärksten Verschleißes als 1-m^2-Felder eingebaut. Der Ofen wurde nach drei Jahren und $9\frac{1}{2}$ Monaten stillgesetzt und ausgeräumt. Durchgesetzt wurde reiner Sintermöller, größtenteils für die Erzeugung von Roheisen mit 2,5% Si und z. T. zur Erzeugung von Stahlroheisen. Der Ofen hatte einen Gestelldurchmesser von 4,5 m und eine Schachthöhe von 13,7 m. Die 10. Kühlkastenreihe liegt 7 m über der Blasformebene, nahezu genau in der Mitte der Beschickungshöhe. Die durchschnittliche Temperatur dürfte in dieser Höhe bei etwa 1000°C gelegen haben. Die Versuchssteinpartien waren von Kühlkästen umrahmt, wobei der Abstand zwischen den Kästen von Wand zu Wand in der Höhe 600 mm und in der Breite 900 mm betrug.

6.2 Eigenschaften der Versuchssteine im Anlieferungszustand

Die chemische Zusammensetzung, die keramisch-physikalischen Daten und der mineralogische Aufbau der eingebauten Steine sind in Tab. 5 zusammengefaßt. Die Steine c und d haben einen deutlich höheren Al_2O_3-Gehalt, während sich andererseits der Stein c durch einen nahezu fehlenden TiO_2-Gehalt und hohen Alkaligehalt auszeichnet. Auffallend niedrig ist der K_2O-Gehalt beim Stein d. Die Porosität ist bei den Steinen c und d sehr niedrig; trotzdem ist für die vorliegenden Verhältnisse der KDF-Wert nicht außergewöhnlich hoch. Die Gasdurchlässigkeit liegt am niedrigsten bei Qualität d. Trotz der sehr niedrigen Porosität kann die Gasdurchlässigkeit bei Qualität c hohe Werte erreichen, was darauf zurückzuführen ist, daß durch den hohen Brand dieser Steinqualität sich grobe durchgehende Poren ausbilden.

Die guten wahren DFB-Werte [13] und das verhältnismäßig geringe Fließen bei 1350°C bestätigen, daß die Versuchssteine hochgebrannt wurden.

Der Mineralaufbau wird bestimmt durch die chemische Zusammensetzung und die Brenntemperatur: so bestätigt z. B. der fehlende Cristobalitgehalt des Steines c dessen hohen Alkaligehalt. Die flußmittelarmen Steine haben einen sehr hohen Anteil an Cristobalit. Bei den Qualitäten e und a handelt es sich um die bisher üblichen Standardsteine für den Hochofenschacht, und zwar a für den unteren Teil und e für den oberen, mehr abriebbeanspruchten Teil des Schachtes.

Tab. 5 Eigenschaftswerte der in Hochofen V eingebauten Steinqualitäten (Mittelwerte)

Qualität	Al_2O_3	TiO_2	Fe_2O_3	CaO + MgO	$Na_2O + K_2O$	SiO_2 (Diff.)	Dichte	Rohdichte	Offene Poren	Gesamtporen	GDL	KDF	Wahre DFB		Fließen nach 24 h	Mullit	Cristobalit	Quarz	glasig-amorph	E-Modul
	%	%	%	%	%	%	g/cm³	g/cm³	%	%	nPm	kg/cm²	t_0	t_{05}	%	%	%	%	%	kp/cm² · 10⁵
a	35,4	1,6	1,8	0,8	1,7	58,7	2,70	2,10	18,0	22,1	4–6	350–450	n. b.	n. b.	n. b.	41	2	0	57	n. b.
b	36,7	1,4	1,9	0,6	1,5	57,9	2,70	2,15	17,4	20,5	5–7	400–800	1000	1360	1350° C 2,0	48	22	2	38	2,6
c	44,0	0,1	1,1	0,4	2,2	52,2	2,71	2,40	8,2	11,4	1–9	600–800	990	>1350	0,9	56	0	0	44	7,0
d	44,1	1,7	0,8	0,5	0,6	52,3	2,79	2,40	12,7	14,0	2	500–750	850	>1350	0,22	57	27	1	15	5,1
e	33,0	0,8	1,5	0,5	2,0	62,2	2,58	2,05	17,0	20,7	4,5	650–750	1090	1290	1300° C 4,4	31	6	4	41	n. b.

6.3 Verhalten der Steine im Betrieb

Das Schachtmauerwerk, im Neubauzustand 650 mm stark, war im Schachtoberteil auf durchschnittlich 360 mm, zur Rast hin auf durchschnittlich 120 mm verschlissen. Das Verschleißbild im Bereich der Versuchsfelder war ziemlich einheitlich. Aus den Versuchsfeldern und dem umgebenden normalen Mauerwerk wurden einzelne Steine ausgebrochen und vermessen, da der Ofen zur Wiederinbetriebnahme repariert wurde. Dabei zeigten sich doch Unterschiede in der Reststeinstärke (Tab. 6). Auffällig ist, daß die hochwertige Qualität c mit der niedrigsten Porosität eine ähnliche Reststeinstärke aufwies, wie die normalen Hochofenschamottequalitäten, und daß die Qualität d den geringsten Verschleiß hatte. Auffällig ist ebenfalls, daß die Reihenfolge der Qualitäten nach den Reststeinstärken beim 10. und 29. Kühlkastenring die gleiche ist.

Tab. 6 Reststeinstärken (in cm) *der Versuchssteine aus dem Hochofen V*

Qualität	29. Kühlkastenring	10. Kühlkastenring
a	–	9–11
b	33–34	11–12
c	27–30	9–10
d	35–38	12–13
e	28–31	–

6.4 Untersuchungen an den gebrauchten Steinen

Die ausgebrochenen Steine wurden zersägt und in Zonen unterteilt, die mit den verschiedenen Hilfsmitteln untersucht wurden. Die Ergebnisse sind in den Tab. 7 und 8 wiedergegeben. Wegen der nach der Stillegung des Hochofens erfolgten Durchfeuchtung des Mauerwerks können Änderungen des Steinmaterials wie Auslaugungen, Mineralumbildungen und -neubildungen auftreten, so daß die Aussagen bezüglich der wasserlöslichen Bestandteile der gebrauchten Steine unsicher sind.

6.4.1 Chemische Zusammensetzung

Die Untersuchung der Steine aus dem 29. Kühlkastenring (Tab. 7), also aus dem obersten Teil des Schachtes, ergab, daß nur verhältnismäßig wenig Alkali von der heißen Seite aufgenommen wurde, der Verschleiß also nicht durch chemischen Angriff erfolgte. Beim Stein d konnte eine Ansatzbildung von etwa 1 bis 5 mm Dicke beobachtet werden. Dieser Ansatz war tonerdereich und kieselsäurearm und bestand überwiegend aus Zinkit und Gahnit ($ZnO \cdot Al_2O_3$). Im

Tab. 7 Untersuchungswerte der Steine aus dem 29. Kühlkastenring (oberer Schachtteil) des Hochofens V

Qualität	Zone		Chemische Zusammensetzung (ungeglühte Substanz)														Mineralanalyse							
			SiO_2 (Diff.)	Al_2O_3	TiO_2	Fe_2O_3	Na_2O	K_2O	Zn	Pb	Cu	Cl	S	CO_2	Glühverlust	C	Mullit	Cristobalit	Quarz		Dichte	Rohdichte	Offene Poren	Gesamtporen
		mm	%	%	%	%	%	%	%	%	%	%	%	%	%	%	%	%	%		g/cm³	g/cm³	%	%
	Reakt.-Zone	0,5	54,15	34,4	0,9	1,7	0,9	5,5		in allen Fällen nur Spuren	< 0,01		Spur	Spuren	1,1	0,2	25	1	2	Zinkit				
e 283 mm	1	37	60,15	34,9	0,9	1,55	0,7	4,0	0,07			0,38			0,64	0,5	33	4	4		2,62	2,08	16,4	20,4
	2	42	61,0	31,3	0,9	1,55	0,7	3,2	0,03			0,37			0,68	0,1	34	4	4		2,57	2,03	16,1	20,6
	3	49	61,3	33,9	0,85	1,8	0,7	2,9							0,64	0,03					2,61	2,05	17,7	21,8
	4	84	60,9	31,4	0,85	1,55	0,8	2,3	0,08			0,5			0,66	0,13					2,60	2,03	15,7	21,6
	5	71	62,2	33,0	0,8	1,55	1,0	2,3							0,7	0	31	6	4		2,585	2,06	16,7	20,7
b 100 mm	1	8	56,7	36,2	1,7	2,0	0,17	1,3	< 0,02			0,37	<0,05		0,54	0	45	17	2		2,78	2,22	15,0	20,1
	2	16	57,9	36,7	1,1	2,4	0,17	1,3							0,26	0,96	47	21	2		2,72	2,2	15,7	19,0
	3	41	57,25	36,7	1,3	2,0	0,18	1,2							0,36	0,05					2,725	2,16	16,2	20,7
	4	35	57,1	41,3	1,4	0,9	0,18	1,3				0,30			0,5	1,6					2,715	2,16	17,2	20,4
c 57 mm	1	13	50,9	44,6	0,5	1,1	0,19	3,1	1,2			0,32	0,06		0,3	0	54	0	0	*Zinkit,*	2,79	2,46	7,5	11,7
	2	22	52,9	42,3	0,15	1,1	0,1	2,4					< 0,05		0,36	0	58	0	0	*Kaliophillit*	2,71	2,42	8,4	11,6
	3	22	53,3	45,7	0,15	1,1	0,13	2,2							0,5	0,03					2,71	2,44	7,3	10,0
d 181 mm	Ansatz	~1	9,6	37,1	0	1,8	0,18	4,4					Spuren		6,72	1,35				*Zinkit, Gahnit,*				
	1	10	46,7	43,1	1,5	0,85	0,4	5,0	0,15			0,39			1,0	0,17	46	21	1	Kaliophillit,				
	2	25	51,2	43,1	1,7	0,9	0,25	1,8							0,42	0,3	56	27	2	Leucit,	2,78	2,46	10,2	11,5
	3	35	51,8	43,6	1,6	1,1	0,17	1,5	<0,02			0,33			0,44	0,16					2,80	2,42	12,9	13,5
	4	47	51,9	42,7	1,7	0,8	0,11	0,9				0,52			0,46	0,26					2,79	2,42	12,1	13,4
	5	64	52,6	43,2	1,6	0,8	0,12	0,6	<0,02			0,28			0,31	0,1	59	29	1		2,795	2,43	11,3	13,1

Stein selbst konnten Zink, Blei und Kupfer wie bei den übrigen Steinqualitäten nur in Spuren nachgewiesen werden, während der Chlorgehalt im Mittel bei 0,3% lag. Schwefel und CO_2 wurden ebenfalls nur in Spuren beobachtet.

Wesentlich stärkere chemische Veränderungen zeigten die Steine aus dem 10. Kühlkastenring (Tab. 8). Bei der Untersuchung dieser Steine wurde zuerst ein Wasserauszug durchgeführt und in diesem qualitativ die verschiedenen wasserlöslichen Komponenten ermittelt. Stein a zeigt in praktisch allen Zonen Eisencyanide, Sulfidionen und in der heißen Zone geringe Mengen von Chlorid- und Sulfationen. Die Eisencyanide sind in allen Steinen vertreten, während die Sulfidionen nur untergeordnet beim Stein b festgestellt werden konnten.

Im wesentlichen wurden von den Steinen Alkalien, insbesondere Kalium, aufgenommen. Zink und Kupfer konnten nur in geringen Mengen nachgewiesen werden, während Blei bis zu 3% gefunden wurde. Auffällig ist, daß bei einigen Proben von der kalten Seite der Qualität c der höchste Bleigehalt gefunden wurde, was auf die z. T. sehr groben durchgehenden Poren zurückzuführen ist. Schwefel wurde in Mengen von ungefähr 0,2 bis 0,3% gefunden, während der Chlorgehalt etwas höher lag und Werte bis 0,9% erreichte. Der CO_2-Gehalt lag z. T. an den kalten Seiten der Steine bis zu 2%.

Die Verteilung der in geringen Mengen aufgenommenen Bestandteile aus der Ofenatmosphäre scheint sehr gleichmäßig über den gesamten Stein von heiß nach kalt zu sein, wenn auch z. B. beim Blei und beim CO_2 eine gewisse Anreicherung in der kalten Seite der Steine zu beobachten ist.

In Abb. 10 sind die Verschiebungen des Al_2O_3- und SiO_2-Gehaltes im wasserunlöslichen Rückstand von der kalten zur heißen Seite bei den verschiedenen Steinqualitäten aufgetragen. Ebenfalls ist die Gesamtaufnahme an Alkalien, der Anteil an löslichem Alkali und gleichzeitig auch die Mengen an wasserlöslicher Substanz zu erkennen.

Bei den hochwertigen Steinen ist die Abnahme des Tonerde- und SiO_2-Gehaltes auf Grund der geringen Aufnahme von Alkalien zur heißen Seite hin nicht sehr ausgeprägt, während der Al_2O_3- und SiO_2-Gehalt der heißen Seiten bei den Qualitäten a und b durch die deutliche Aufnahme an Alkalien merklich absinkt. Bei den hochwertigen Qualitäten zeigt die kalte Seite eine nur geringfügige Zunahme des Alkaligehaltes gegenüber dem Anlieferungszustand.

Auffallend ist, daß die Steine mit niedrigem Tonerdegehalt eine etwa 5 mm starke deutlich zu sehende Reaktionszone ausbildeten, die bei den hochwertigen Steinen nicht zu beobachten ist oder so dünn ist, daß sie bei den Untersuchungen nicht erfaßt wurde. Die Dicke dieser sich deutlich von den anschließenden Steinzonen unterscheidenden Reaktionszone scheint abhängig zu sein von der aufgenommenen Menge an Alkalien der Steine. Wie das Abb. 10 zeigt, ist bei den Steinen a und b in der heißen Zone außerordentlich viel Kalium aufgenommen worden, während der dichte Stein c und insbesondere der Stein d wenig Alkaliaufnahme erkennen lassen.

Der Verlauf des wasserlöslichen Anteils von der heißen Seite zur kalten Seite ist je nach Steintyp unterschiedlich und geht parallel dem löslichen Anteil an Alkalien. Er entspricht etwa dem doppelten des löslichen Alkalianteils, was

Tab. 8 Untersuchungswerte der Steine aus dem 10. Kühlkastenring des Hochofens V

Qualität	Zone	Zonenlänge	SiO_2 (Diff.)	Al_2O_3	TiO_2	Fe_2O_3	CaO	MgO	Na_2O	K_2O	Zn[1]	Pb	Cu	Cl	S	CO_2
		mm	%	%	%	%	%	%	%	%	%	%	%	%	%	%
			getrocknete Substanz													
a	1	5	39,1	29,4	1,8	1,7	0,6	0,7	4,7	19,6	0,05	0,4–2,5	0,01	0,75	0,18	0,85
114 mm	2	15	42,2	31,4	1,5	1,5	0,6	0,8	4,0	16,0						
	3	50							2,7	12,3		0,1				
	4	44							2,6	8,7	0,11	0,4	0,04	50,75	0,28	1,87
			nach H_2O-Behandlung													
	1		42,2	30,0	1,3	1,5	0,34	0,43	1,6	18,9		2,2				
	2		44,3	33,6	1,4	1,3	0,38	0,57	1,5	13,7		<0,1				
	3		47,3	34,9	1,5	1,6	0,34	0,57	1,95	11,4		<0,1				
	4		49,2	35,4	1,6	1,8	0,5	0,52	1,5	8,6		1,4				
			getrocknete Substanz													
b	1	5	39,0	29,7	1,5	1,1	0,46	0,8	4,3	20,0	0,14	0,7–2,8	0,03	50,38	0,22	0,87
114 mm	2	38							2,2	10,2						
	3	36							2,0	11,5						
	4	35							1,9	9,2	0,06	0,1–1,0	0,01	70,36	0,14	2,13
			nach H_2O-Behandlung													
	1		42,3	32,2	1,6	1,1	0,35	0,57	0,6	19,6		0,6				
	2		48,3	33,9	1,6	1,4	0,31	0,4	1,15	9,7		0,1				
	3		49,5	36,1	1,7	1,8	0,26	0,46	0,76	8,3		0,1				
	4		49,4	36,8	1,8	1,6	0,26	0,4	0,76	6,7		0,1				
			getrocknete Substanz													
c	1	30	43,0	39,5	0,4	0,86	0,18	0,45	2,0	8,6	0,03	0,3	0,02	0,44	0,06	0,55
100 mm	2	35							1,5	4,7		1,4				
	3	35							0,7	3,0	0,02	0,6–	0,03	0,39	0,06	0,45
			nach H_2O-Behandlung									1,4				
	1		47,0	40,6	0,2	0,85	0,06	0,18	0,25	7,7		0,9				
	2		48,4	40,6	0,2	1,0	0,1	0,18	0,15	4,0		3,45				
	3		49,1	42,2	0,3	1,0	0,1	0,3	0,08	3,0		3,0				
			getrocknete Substanz													
d	1	15	43,2	40,8	1,8	1,3	0,25	0,52	2,0	5,2	0,03	0,6	0,04	0,9	0,12	0,75
98 mm	2	45							1,4	4,5						
	3	38							0,6	1,7	0,04	0,1–1,25	0,06	0,8	0,18	0,83
			nach H_2O-Behandlung													
	1		46,2	41,0	2,0	1,2	0,16	0,31	0,9	4,0		0,35				
	2		47,5	41,5	2,1	1,3	0,22	0,2	0,9	4,0		<0,1				
	3		50,2	42,4	1,8	1,2	0,33	0,2	0,2	1,3		0,15				

[1] Für die Bestimmung von Zn, Pb u. a. wurde neue Probe genommen.

Glüh-verlust	Freier C	Gesamt-C	Mullit	Cristobalit	Kalsilit	Leucit	H_2O-löslicher Anteil Pulver	H_2O-löslicher Anteil Stein-stück	Dichte	Roh-dichte	Offene Poren	Gesamt-poren
%	%	%	%	%			%	%	g/cm³	g/cm³	%	%
1,6	1,0	2,2	15	0	+++	+						
0,9	0,7	1,4	21	1	++	+						
0,17	0,15	1,1	30	1	+	++						
0,15	0,2	2,4	35	1	+	—						
							10,4	6,4	2,71	2,24	10,8	17,3
							11,4	2,4	2,70	2,29	9,2	15,2
							5,0	2,4	2,71	2,33	8,6	14,0
							3,0	1,4	2,71	2,31	8,6	14,7
1,7	1,1	1,2	19	3	+++	++						
0,8	0,3	0,65	39	12	+	+						
1,1	0,45	0,8	39	12	+	—						
1,2	0,4	0,4	41	11	+	—						
							12	3,2	2,68	2,26	9,7	15,7
							5,2	2,0	2,71	2,26	9,7	16,6
							7,3	1,7	2,72	2,26	9,7	16,9
							6,0	2,9	2,74	2,25	11,0	17,9
0,7	0,2	0,9	45	0	+	+						
0,2	0,6	1,1	49	0	+	—						
0	0,2	0,6	52	0	+	—						
							7,1	2,0	2,75	2,41	8,0	12,4
							3,7	2,15	2,83	2,48	8,7	12,0
							2,0	2,9	2,78	2,42	8,2	12,2
0,33	0,4	1,5	51	19	+	—						
0,46	0,2	0,65	52	20	+	—						
0,4	0,17	0,4	54	27	Spur	—						
0,33	0,38	1,5					5,4	3,6	2,80	2,38	7,6	14,6
0,46	0,2	0,65					4,0	1,4	2,80	2,41	9,9	14,0
0,42	0,17	0,38					3,0	1,6	2,80	2,44	8,8	12,9

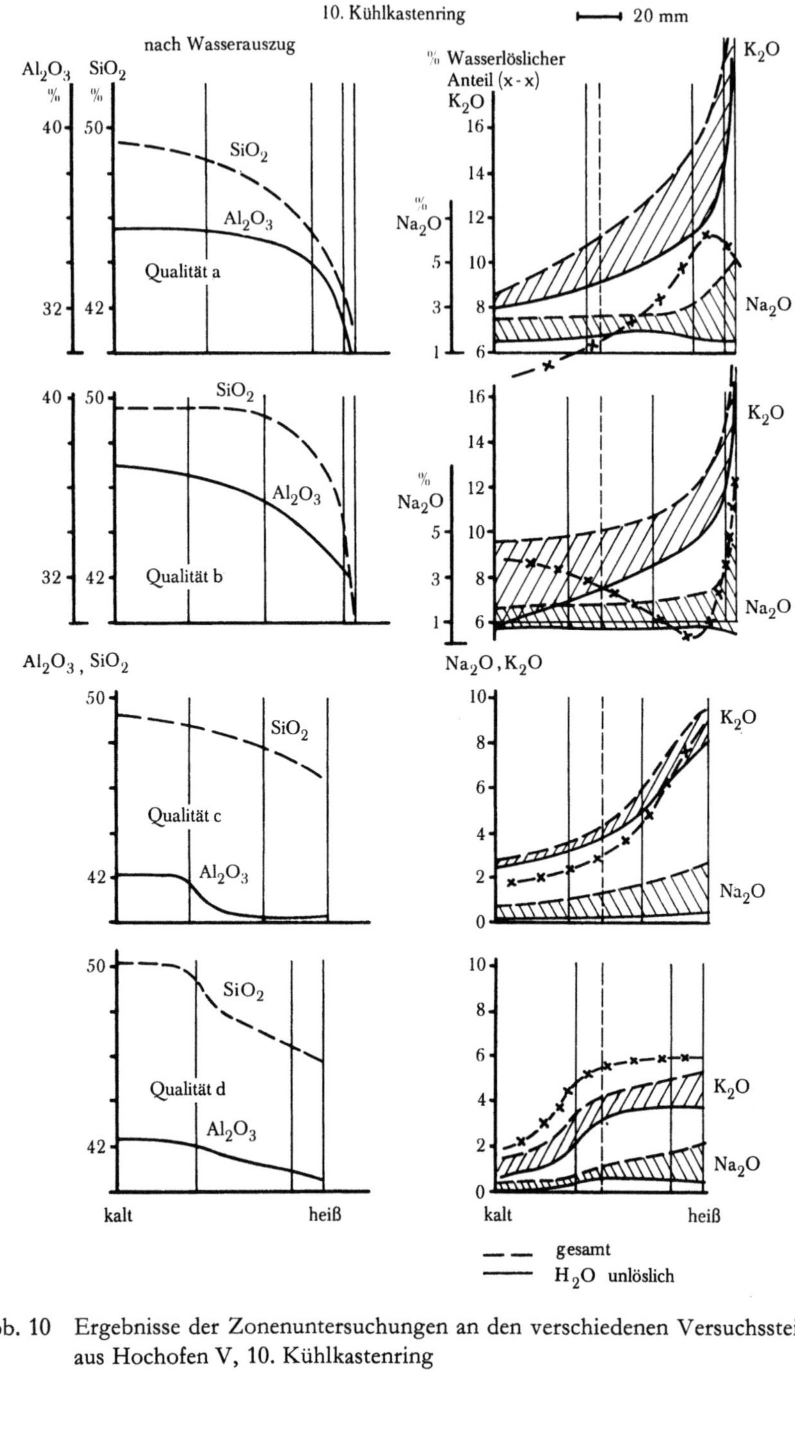

Abb. 10 Ergebnisse der Zonenuntersuchungen an den verschiedenen Versuchssteinen aus Hochofen V, 10. Kühlkastenring

dafür spricht, daß der wasserlösliche Anteil überwiegend aus Alkalichloriden und Cyaniden besteht. Zur Bestimmung des wasserlöslichen Anteils durch Kochen ist zu bemerken, daß bei Verwendung der analysenfeinen Substanz der kalten Seiten der Steine auch bei Filtrieren durch Blaubandfilter Steinmaterial in feinster Verteilung durchlaufen kann, d. h. ein zu hoher wasserlöslicher Anteil gefunden werden kann.

Von den aus der Ofenatmosphäre aufgenommenen K_2O-Verbindungen bleiben etwa nur 20% wasserlöslich, d. h. daß das Kaliumoxyd rasch mit dem Feuerfestmaterial zu wasserunlöslichen Verbindungen reagiert, während beim Na_2O die Beziehung nicht sehr eng ist (Abb. 11). Man erkennt aber, daß etwa 60% des aufgenommenen Na_2O wasserlöslich bleiben.

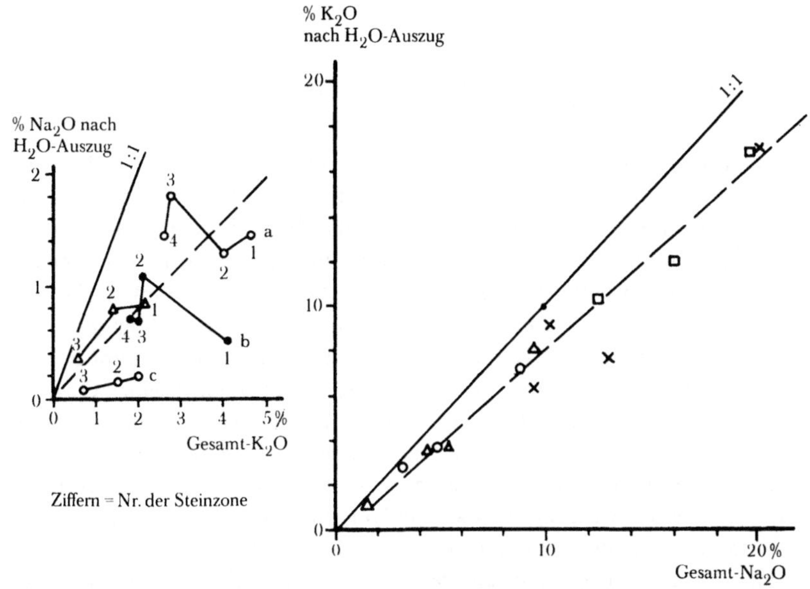

Abb. 11 Beziehung zwischen dem Gesamt-Alkaligehalt und dem nicht wasserlöslichen Anteil an Alkalien (ausgedrückt als K_2O) in den Steinzonen der verschiedenen Steinqualitäten aus Hochofen V, 10. Kühlkastenring

Es wurde neben dem Gesamtkohlenstoff auch der freie Kohlenstoff durch Glühen der analysenfeinen Probe bei 750°C im Sauerstoffstrom ermittelt und hierbei festgestellt, daß dieser bei den Steinen a und b ungefähr gleich bei max. 1%, bei den Steinen c und d bei ungefähr nur 0,3% liegt, was parallel geht mit dem höheren Fe_2O_3-Gehalt der Qualitäten a und b.

Um Hinweise auf die Oxydationsstufe des im Stein vorliegenden Eisens zu erhalten, wurden die ferromagnetischen Werte durch die magnetische Wägemethode festgestellt, wobei zu bemerken ist, daß die Werte auf den Vergleich mit 100%igem Magnetit zurückgeführt wurden*. Absolute Werte für ausgeschiedenes Fe dürften nicht konstant und auch in keinem bestimmten Verhältnis zum Fe_3O_4 stehen. Die angeführten Werte lassen lediglich das mögliche Vorhandensein von Magnetit, eher aber einen überschlägigen Wert ausgeschiedenen Fe-Metalls erkennen. Im allgemeinen scheint es nach den ferromagnetischen Messungen, daß die Steine keine oder nur unwesentliche Fe-Mengen in metallischer oder magnetischer Form vorliegen haben. Dafür scheint aber beim 10. Kühlkastenring der überwiegende Teil des Eisenoxidgehaltes der ursprünglichen Steine zu Fe reduziert worden zu sein; in einigen Fällen ist es möglich, daß ein erheblicher Teil des ursprünglichen Eisens nur bis Magnetit oder zu zweiwertigem Silikateisen reduziert wurde. Bei den Steinen des 29. Kühlkastenringes ist außer bei den c-Steinen nur eine Teilreduktion erfolgt, übrigens meist ziemlich gleichförmig durch den ganzen Stein hindurch.

6.4.2 Röntgenographische und mikroskopische Untersuchungen

Die Steine aus dem oberen Schachtteil zeigen durch ihre geringe Aufnahme von Alkalien der heißen Seite auch nur geringfügige Veränderungen des Mineralaufbaus. Bei einigen Steinen ließen sich allerdings in der schmalen heißen Zone neben Zinkit auch Kalsilit, Kaliophillit und z. T. auch Leuzit nachweisen. Die Steinqualität d hatte, wie bereits beschrieben, eine 1–5 mm starke Ansatzschicht, die hauptsächlich Zinkit und Gahnit neben geringeren Mengen an Kaliophillit und Leuzit enthielt. Der Mullit- und Cristobalitgehalt nimmt zur heißen Seite hin ab und der Glasanteil etwas zu. Bei der Qualität e, einer Qualität mit 33% Al_2O_3, ist zu beobachten, daß von der kalten Seite zur heißen Seite hin eine Zunahme des Mullitgehaltes zu beobachten ist, die Reaktionszone allerdings wieder weniger Mullit hat als die kalte Seite. Es findet bei dieser Qualität durch die langzeitige Einwirkung verhältnismäßig niedriger Temperaturen und der geringfügigen Aufnahme von Alkalien eine Mullitbildung statt.
Die stark verschlissenen Steine aus dem 10. Kühlkastenring zeigten in Abhängigkeit von der aufgenommenen Menge an Alkalien eine mehr oder minder deutliche Abnahme des Mullit- und Cristobalitgehaltes zur heißen Seite hin (Abb. 12). Bei den hochwertigen Qualitäten c und d ist auffallend die stärkere Abnahme des Mullitgehaltes bei Alkaliaufnahme als bei den tonerdeärmerer Qualitäten. Wenn Cristobalit vorliegt, so nimmt er deutlich zur heißen Seite hin ab. Die Kristallneubildungen sind Kalsilit und Leuzit. Interessant ist, daß bei den Steinen a und b, die erhebliche Mengen an Alkalien aufgenommen haben, sowohl Kalsilit und Leuzit in beträchtlichen Mengen zu beobachten ist, während der

* Die ferromagnetischen Messungen sowie die im folgenden beschriebenen umfangreichen mikroskopischen Untersuchungen und Studien zur Mikrohärte der verschiedenen Steinphasen wurden von Herrn Dr. Lehmann, Duisburger Kupferhütte, Duisburg, durchgeführt.

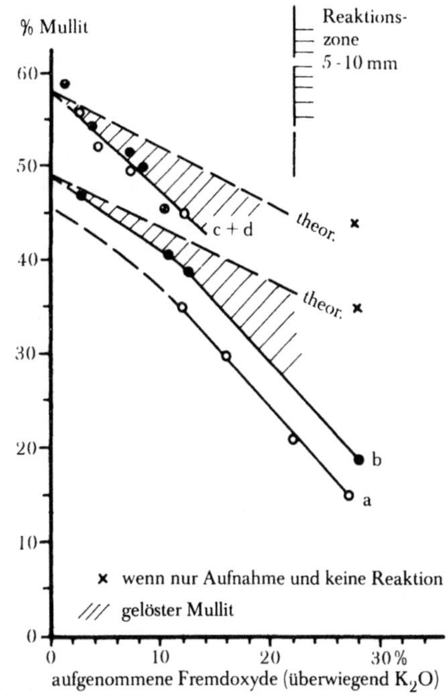

Abb. 12 Abnahme des Mullitgehaltes mit zunehmender Aufnahme an Fremdoxyden aus der Ofenatmosphäre bei den Steinqualitäten aus Hochofen V

Gehalt an Kalsilit bei den hochwertigen Qualitäten nur gering ist und Leuzit nur bei der Qualität c zusätzlich auftrat. Bei SiO_2-reichen Schamottesteinen und bei höheren Temperaturen wird die Bildung von Leuzit begünstigt.

Die umfangreichen mikroskopischen Untersuchungen am Anschliff in den verschiedenen Steinzonen ergaben wertvolle Hinweise auf die texturellen Veränderungen der Steine und auf Kristallneubildungen und Abscheidungen, die meist nur örtlich und insgesamt nur in so geringer Konzentration vorliegen, daß sie röntgenographisch nicht erfaßt werden konnten.

Bei allen Steinen, auch – wenn auch schwächer – in der 29. Kühlkastenringzone, ist feuerseitig ganz allgemein eine stärkere Verglasung der Bindemasse zu bemerken mit gleichzeitiger Anglasung, stärkerer Verfrittung oder Verschmelzung mit dem Magerkorn, dessen Randzone auch mehr oder weniger tief verglast. In den glasigen Partien wachsen die Mullitkristalle, bilden sich gegebenenfalls neue Kristalle. Dort gibt es vor allem Metallausscheidungen, meist Fe, während Zn sich vor allem in den Poren der Bindemasse abscheidet (z. T. wohl sekundär reoxydiert ist, so daß es als Anflug von ZnO in Erscheinung tritt). Kohlenstoff ist nur in sehr untergeordnetem Maße zu finden.

In der 29. Kühlkastenringzone werden die Steine an der feuerseitigen Oberfläche vorwiegend mechanisch beansprucht, aufgelockert und abgerieben. Im Kontakt mit mehr Glasphase tritt auch hier eine gewisse Rekristallisation auf.

Qualität e läßt oft gesplitterte Füllkörner erkennen. Die Bindemasse hat Gläser mit lokal verschieden hohen Mullitkonzentrationen. An den Porenrändern haben sich nur selten feine meist Zn-, in der verglasten Masse mehr Fe-Teilchen abgeschieden (Abb. 13).
Qualität b hat stark verglaste, teilweise rein glasige Bindemasse, während man im Füllkorn neben viel feinem Mullitgeflecht wenig Glasmasse findet (Abb. 14). Der an sich geringe Anteil glasiger Phase ist oft eng mit dem Füllkorn verfrittet oder verschweißt. Die Feinporen verschwinden feuerseitig weitgehend, andere Poren werden gröber, das ganze Gefüge lockert sich.
Qualität c hat viel, besonders an Stoßstellen gesprungene, grobe Füllkörner und derbe durchgehende Poren. Die wenige Bindemasse sieht dem Füllkorn sehr ähnlich. Feuerseitig nehmen die Poren ab, einzelne Poren vergrößern sich. Die Risse in den Füllkörnern werden verkittet und von Kondensat zugesetzt (Abb. 15).
Qualität d hat kaum zersplitterte Füllkörner, auch nicht in der Nähe der Feuerseite. Die Bindemasse hat mehr geschlossene Poren. Die Verglasung wird feuerseitig stärker, aber das Füllkorn wird mechanisch nicht besonders angegriffen, d. h. trotz der Verglasung der Bindemasse und Anfüllung der Poren mit Fremdstoffen bleibt das Steingefüge elastisch. In den Poren und Rissen fand man vereinzelt neben metallischem Fe auch Spinelle (wahrscheinlich $ZnO \cdot Al_2O_3$) (Abb. 16).
In der 10. Kühlkastenringzone sind stärkere Verglasungen und Mineralneubildungen, besonders nahe der feuerseitigen Oberfläche und in den glasigen Partien erhebliche Kristallvergröberungen zu beobachten.
Qualität a läßt erkennen, daß die Anglasungszone des Füllkornes oft angesplittert oder gerissen ist, der Kern, der aus dichtem, feinem Kristallgeflecht besteht, weniger. Zur heißen Seite hin werden die Mullitkristalle zunehmend gröber, z. T. sind sehr große Mullitkristalle zu beobachten. Häufig findet man an der heißen Seite grobe Kristallausscheidungen von Kalsilit und Leucit. In der porösen Bindemasse erkennt man z. T. Metallschwämme mit Graphit vergesellschaftet (Abb. 17).
Qualität b zeigt relativ starke Folgen von Wärmespannungen. Das Magerkorn springt und verglast stärker. An Stelle der meist runden Poren entwickeln sich an der heißen Seite grobe durchgehende Poren, während die feinen Poren verschwunden sind (ähnlich Abb. 6). Ein Wachsen der Mullitkristalle, insbesondere in Bereichen hoher Glasphase, ist zu beobachten. Öfters zeigen sich Metallschwämme und auch Fe, besonders an Porenwänden und feiner C (Abb. 18). In den reinen Glaspartien findet man nur wenig Kohlenstoff.
Qualität c zeigte, daß die ohnehin schon groben durchgehenden Poren z. T. an der heißen Seite noch gröber werden; auch das feinporöse Füllkorn entwickelt gröbere Poren (Abb. 15). An den Poren und Rissen erkennt man Anflüge von ZnO und nur sehr vereinzelt Kohlenstoff. Die glasreichen Partien enthalten feine Metallflitter, ZnO und Spinellide (Abb. 19). Die Mullitkristalle sind bereits im Anlieferungszustand sehr grob, zeigen aber in den glasreichen Zonen noch ein deutliches Wachsen (Abb. 20). Die sehr groben Füllkörner, die in sich unterschiedlich porös und oft rissig sind, verglasen durch Infiltration stärker, wobei

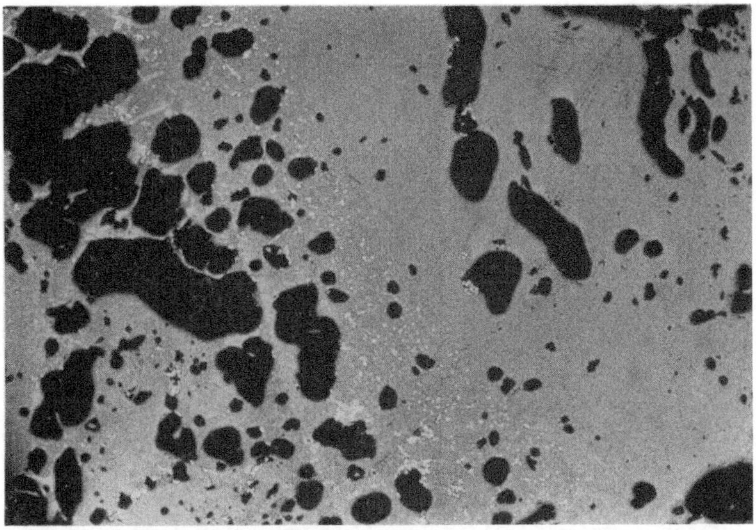

kompakt weiß = Magerkorn

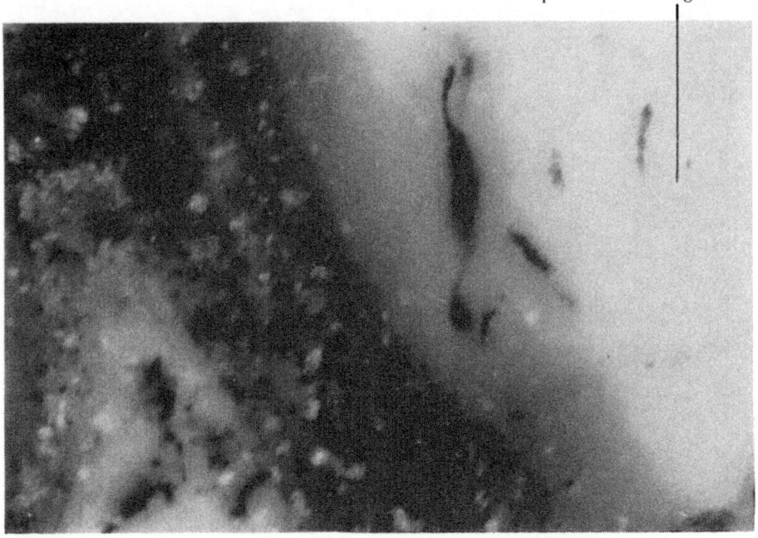

+ Nicols 100 µm

Abb. 13 Steinqualität e aus 29. Kühlkastenring, kalte Seite
An den Porenrändern haben sich feine, meist Zn-, in der verglasten Masse mehr Fe-Teilchen abgeschieden

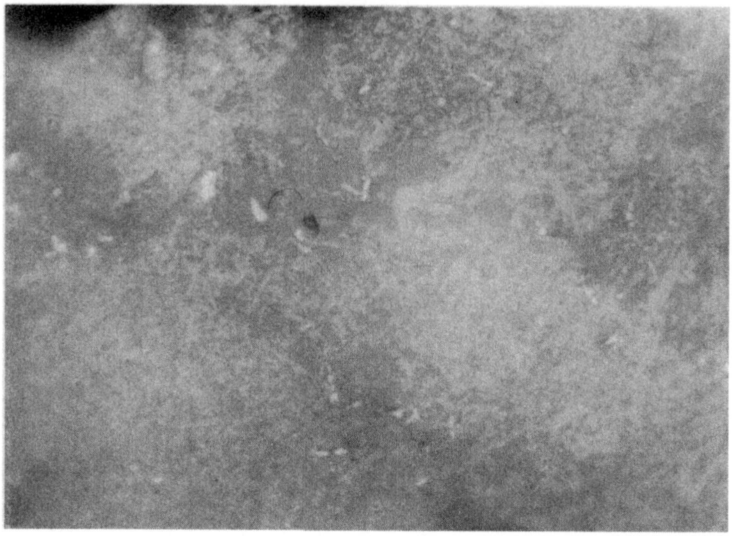

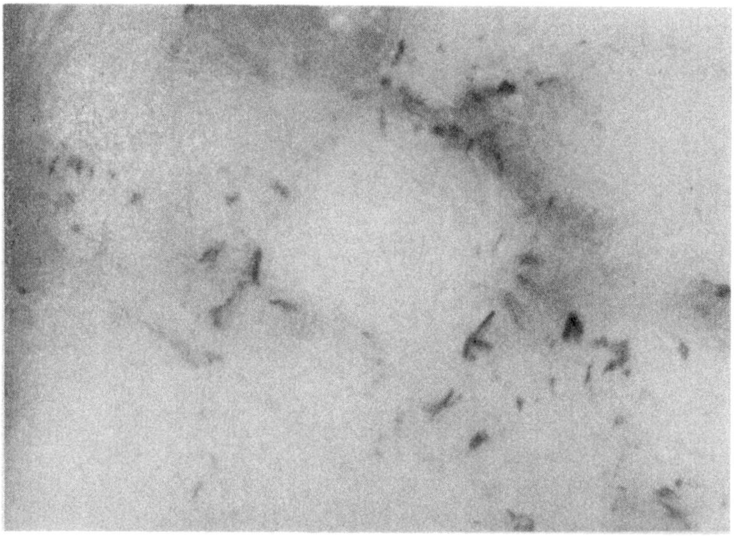

+ Nicols 100 μm

Abb. 14 Steinqualität b aus 29. Kühlkastenring, kalte Seite
Die Mullitkristalle in der Bindemasse sind deutlich größer als im Magerkorn
Die weißen Metallflitterchen sind Fe, seltener Zn
Kohlenstoff ist nicht zu beobachten

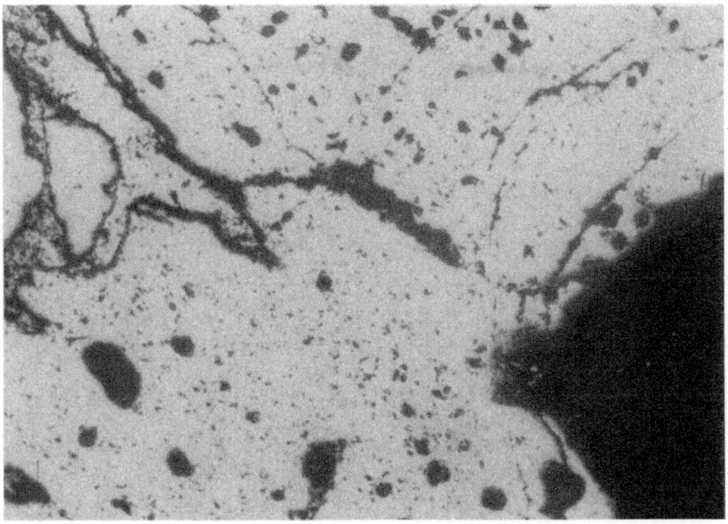

kalte Seite

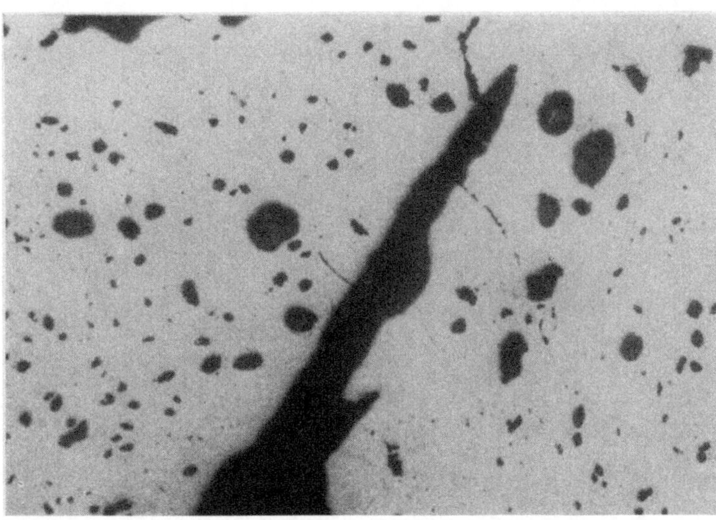

heiße Seite 100 µm

Abb. 15 Steinqualität c aus 29. Kühlkastenring
Typisches Bild für das Verschwinden von Poren – insbesondere Feinporen – im Magerkorn und Ausbilden grober durchgehender Poren zur heißen Seite hin. Öfters findet man Risse im Magerkorn, wie ebenfalls deutlich zu erkennen ist. Ähnlich sind Verschiebungen im Porenaufbau bei der Qualität b

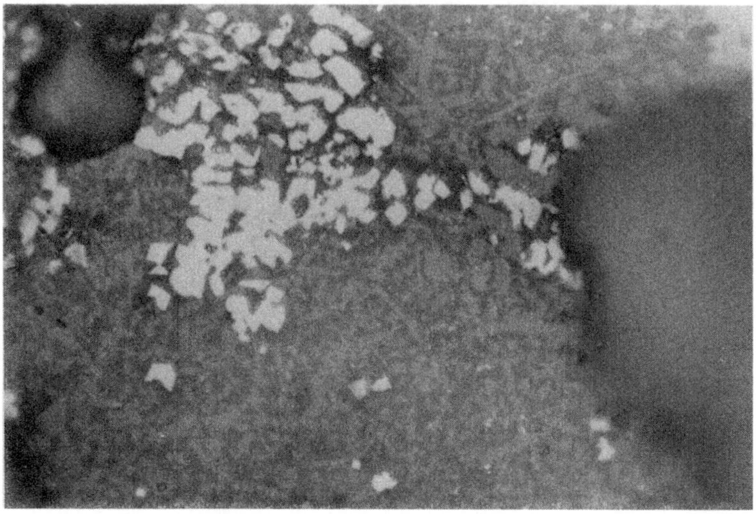

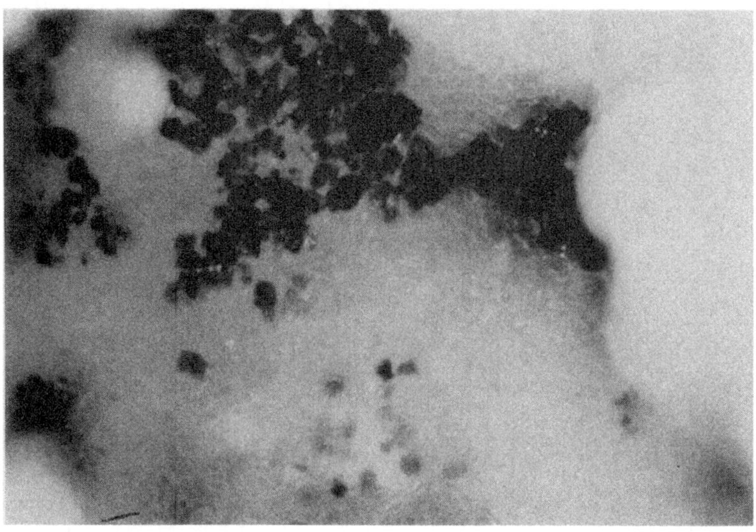

+ Nicols 10 µm

Abb. 16 Steinqualität d aus 29. Kühlkastenring, Reststeinstück am Kühlkasten
In der Bindemasse findet sich neben wenig metallischem Fe z. T. Spinelle ($ZnO \cdot Al_2O_3$?), besonders an Poren und Rissen

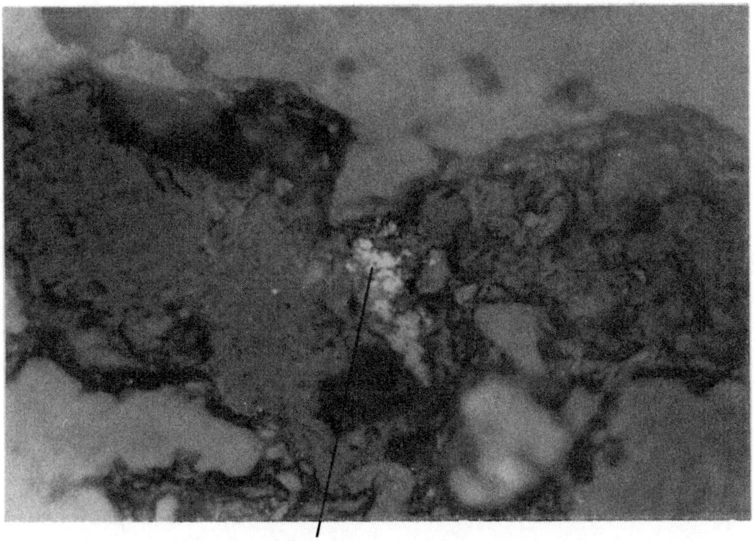

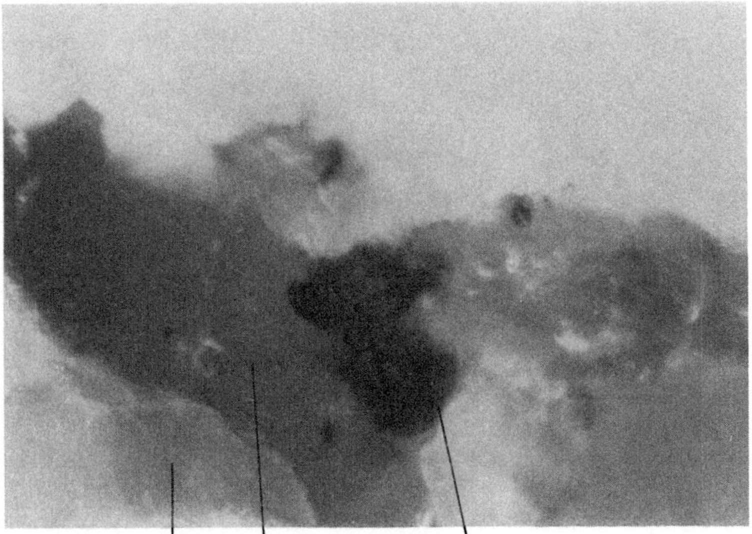

Abb. 17 Steinqualität a aus 10. Kühlkastenring, kalte Seite
Hier ist in der porösen glasigen Bindemasse Fe-Metall, dabei auch Cu, neben Grafit zu erkennen

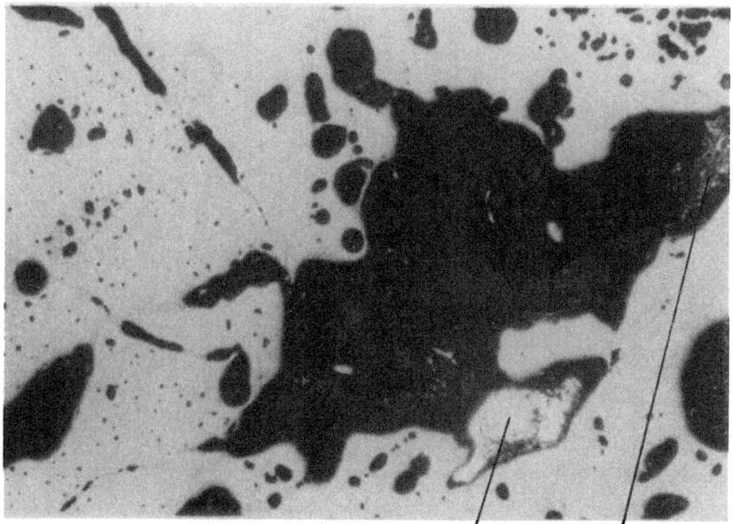

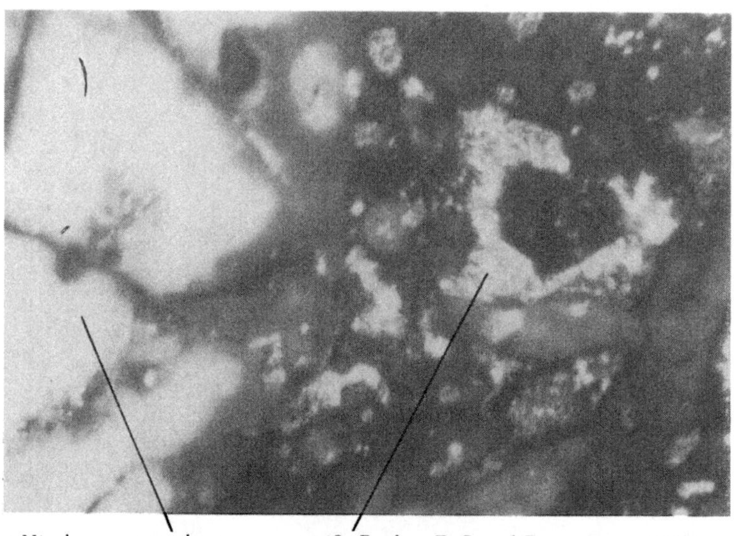

Abb. 18 Qualität b aus 10. Kühlkastenring, heiße Seite
Das Magerkorn ist öfters gesprungen und zu beiden Seiten des Sprunges angeglast
In den Poren finden sich wenig ZnO, oft aber Metallschwämme und feiner Grafit, meist nur als Film auf der Porenoberfläche

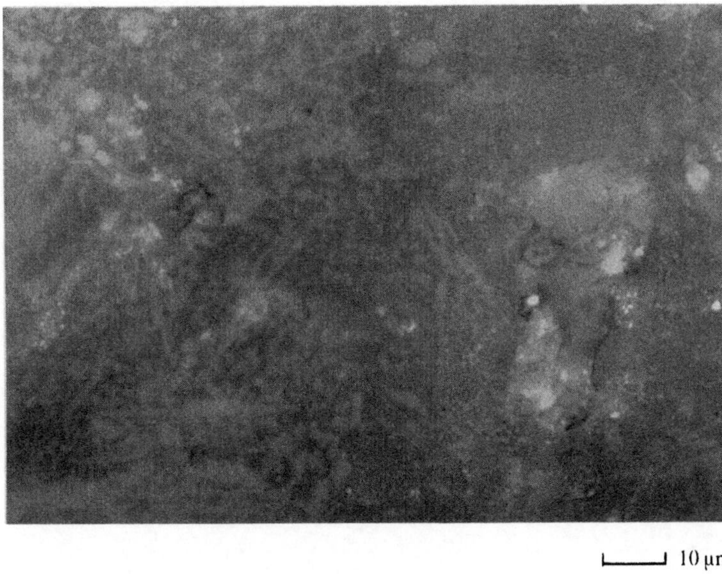

Abb. 19 Qualität c aus 10. Kühlkastenring, heiße Seite
Übergangszone zu einer stärkeren Verglasung in der Nähe der feuerseitigen Oberfläche. Hier sind viele Metallteilchen (meist Zn), Spinelle, ZnO und auch feiner Grafit, besonders an Poren und stärker in den glasigen Partien zu erkennen

die Verglasung dann wegen der Risse rasch tief in das Korn eindringt. Von den Rissen her, in denen sich die aufgenommenen Substanzen bevorzugt ablagern, dehnen die Steine sich und werden dadurch stärker zertrümmert. Die Randzonen treiben auf und quetschen das Füllkorn aus dem Verband nach der offenen Seite hin heraus.

Qualität d hat eine dem Füllkorn sehr ähnliche Bindemassen bzw. in dieser viel füllkornähnliches Feinkorn. Das Füllkorn ist oft angesplittert. Die Verglasung reicht weniger tief, wenn sie auch direkt an der Feuerseite oft tiefer reicht als bei der Qualität b. Außer der Glasbildung zeigen sich weniger neue Mineralien. Die Bindemasse hat solche Kompaktheit mit zugleich soviel Poren, daß sie die Füllkörner festhalten, wie auch ihre Dehnung etwas nachgeben kann. Die glasige Bindemasse ist fast immer mit groben Mullitkristallen durchsetzt, und die Mullitkristalle wachsen in diesen Bereichen mit zunehmender Temperatur stärker. Durch das Anglasen sind z. T. die Mullitkristalle im Magerkorn am Rand größer als im Zentrum, wo sie verhältnismäßig feinkristallin bleiben (Abb. 21).

Zum Teil findet man derbe Zn-Ablagerungen und Salze in groben Poren. Es konnte vereinzelt $PbCO_3$ (oder $PbSO_4$?) festgestellt werden (Abb. 22). Meist liegt zwischen Füllkorn und Bindemittel eine schmale porige Glaszone (Abb. 23). Wie bereits erwähnt, konnte freier Kohlenstoff nur in geringen Mengen nach-

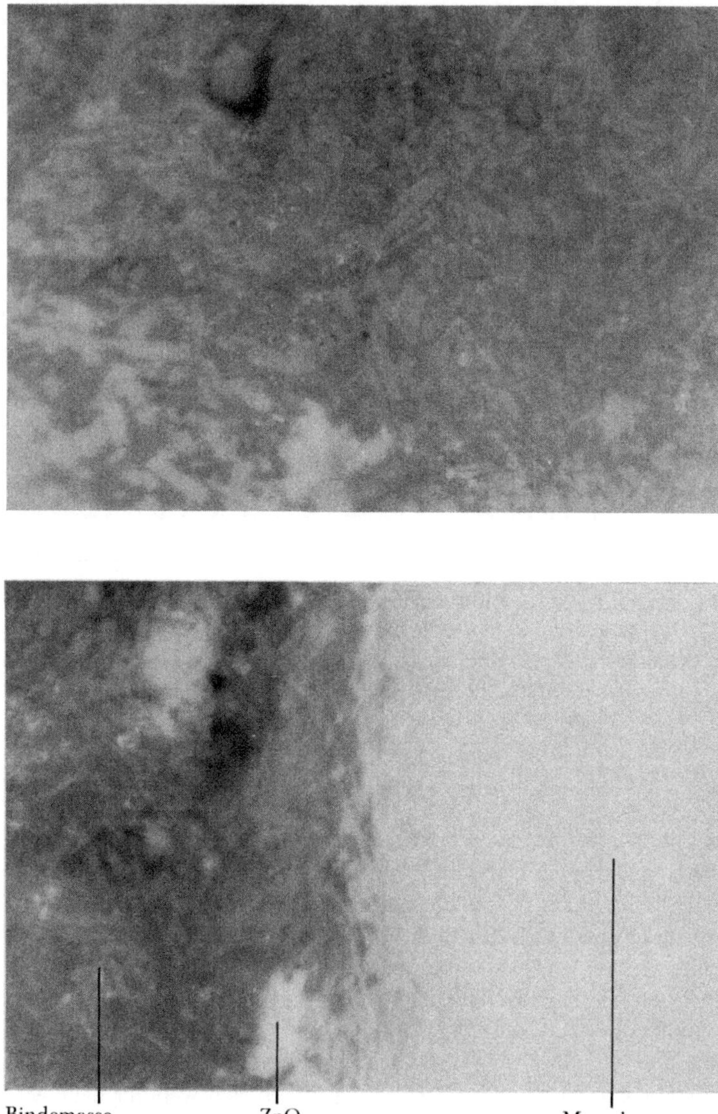

Abb. 20 Qualität c aus 10. Kühlkastenring, kalte Seite
Die Mullitkristalle sind in der glasigen Bindemasse wesentlich größer als im Magerkorn

Kornmitte ← Rand des Magerkorns (angeglast)

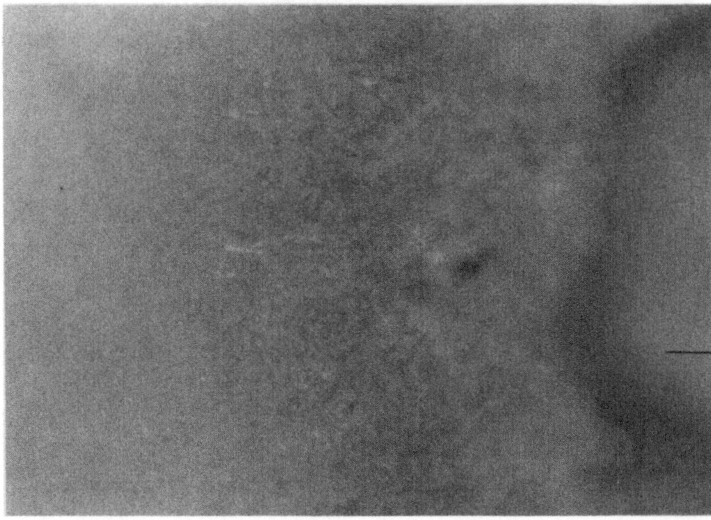

Abb. 21 Qualität d aus 10. Kühlkastenring, heiße Seite
Durch das Anglasen des Magerkorns sind die Mullitkristalle am Rand des Korns größer als im Zentrum, wo sie verhältnismäßig feinkristallin bleiben

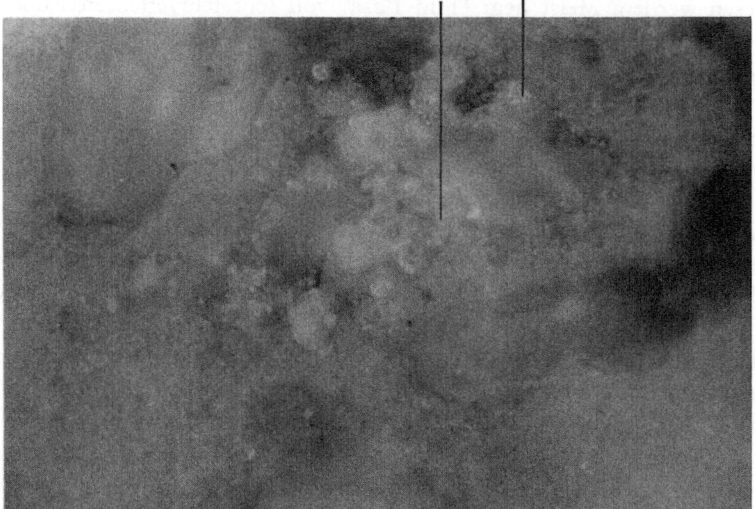

Abb. 22 Qualität d aus 10. Kühlkastenring, kältere Zone
In einer größeren Pore der Bindemasse (erscheint diffus) haben sich am Rand neben ZnO auch $PbCO_3$($PbSO_4$?)-Kristalle und feine Metalltröpfchen (Zn + Fe < 1 µm) abgesetzt

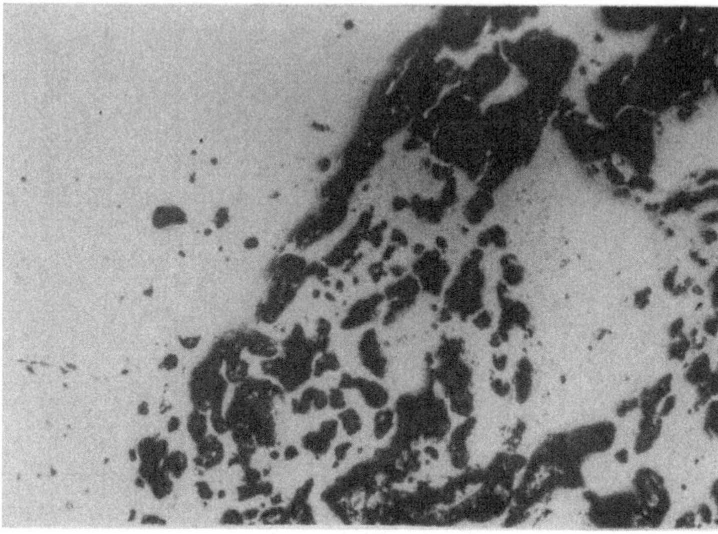

100 µm

Abb. 23 Qualität d aus 10. Kühlkastenring, heiße Seite
Bei dieser Steinqualität ist am feuerseitigen Rand das Magerkorn meist über eine schmale poröse Glaszone mit der Bindemasse verbunden

gewiesen werden. Meist liegt er in Form von sehr feinverteilten Rußteilchen als Anflug auf den Porenoberflächen vor (Abb. 24). Nur sehr selten findet man ein so derbes Graphitkorn, wie Abb. 25 zeigt.

Die elektronenoptischen Aufnahmen der isolierten Mullite [14] aus den verschiedenen Steinzonen der verschiedenen Qualitäten bestätigen die lichtmikroskopisch gefundenen Ergebnisse. Während bei den hochwertigen Qualitäten c, d und auch der Al_2O_3-ärmeren, aber ebenfalls hochgebrannten Qualität b meist nur geringe Veränderungen in der Mullitkristallgröße von der kalten Seite zur heißen Seite hin zu beobachten sind (Abb. 25 und 27), tritt bei Qualität a eine deutliche Vergrößerung der Mullitkristalle ein (Abb. 28). Die Steine c und d haben bereits im Anlieferungszustand blockartig gedrungene Mullite. Diese blockartige Ausbildung der Mullite ist bei allen hochgebrannten Erzeugnissen zu beobachten. Die Steine mit geringerem Tonerdegehalt zeigen mehr nadelige Kristalle, was auf dem höheren Glasanteil, die niedrigeren Brenntemperaturen und die andere chemische Zusammensetzung zurückzuführen ist. Bei allen Steinen erkennt man, daß in der Reaktionszone der Mullit durch den Angriff der Alkalien angefressen ist.

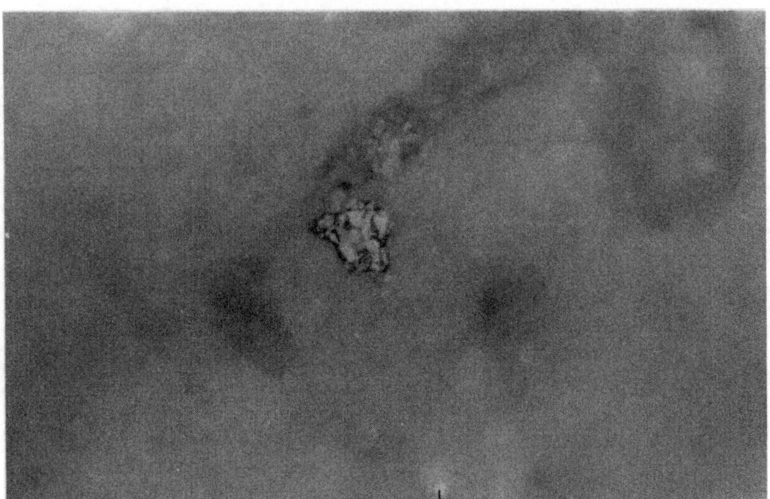

Abb. 24 Die Rußteilchen sind meist nur sehr fein verteilt als Anflug auf den Porenwänden zu erkennen (Ölimmersion)

Abb. 25 Selten wird ein so derbes Grafitkorn (in einer Pore) gefunden
Wegen der Reliefwirkung ist die Umgebung unscharf

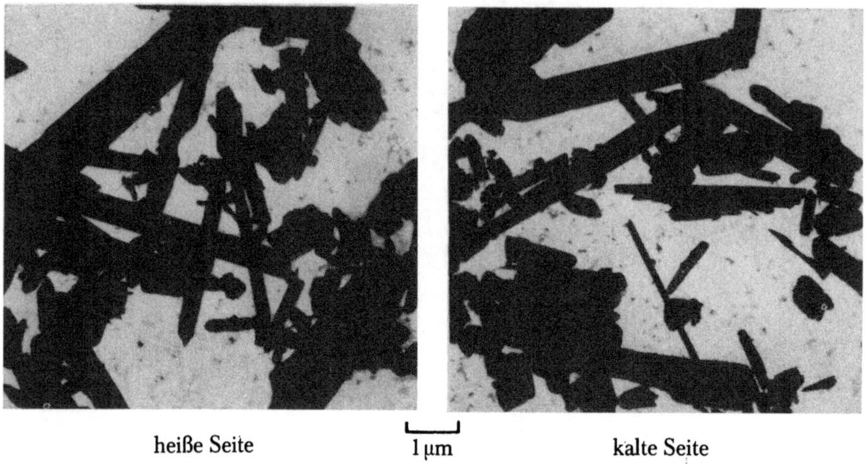

Abb. 26 Elektronenoptische Aufnahmen der isolierten Mullitkristalle aus der heißen und kalten Zone der Steinqualität d

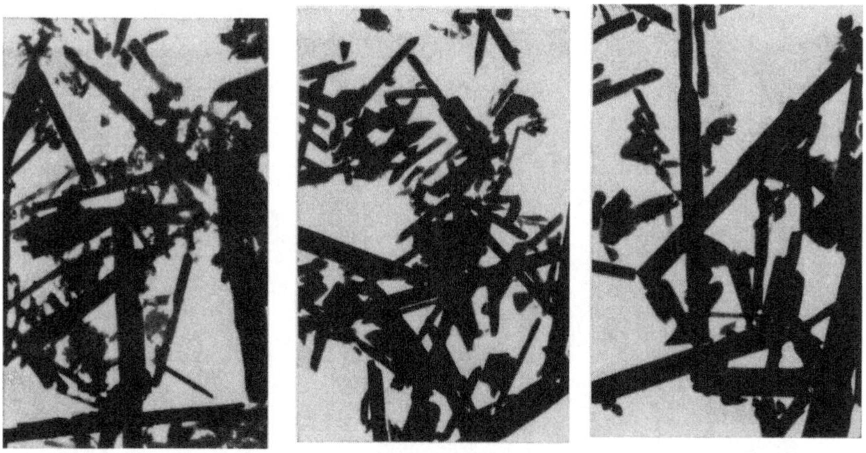

Abb. 27 Elektronenoptische Aufnahmen der isolierten Mullitkristalle aus verschiedenen Zonen der Steinqualität b

6.4.3 Veränderungen der keramisch-physikalischen Eigenschaften der Steine

Wie zu erwarten, zeigten die Steine aus dem 29. Kühlkastenring nur sehr geringfügige Änderungen der Porositätswerte in den einzelnen Steinzonen. Meist nehmen die offenen Poren zur heißen Seite hin etwas ab (Verglasen), während

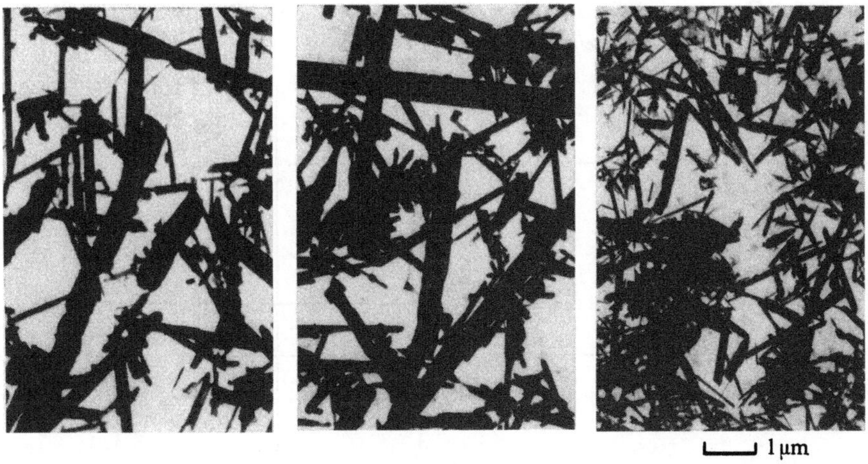

Abb. 28 Elektronenoptische Aufnahmen der isolierten Mullitkristalle aus verschiedenen Zonen der Steinqualität a

die Gesamtporosität von kalt nach heiß zuerst etwas zunimmt, um dann in der äußersten Reaktionszone wieder niedriger zu werden. Die Unterschiede sind aber nicht sehr groß.

Bei den Steinen aus dem 10. Kühlkastenring wurde die Porosität mit einer nicht salzlösenden Flüssigkeit (Petroleum) und durch Kochen in Wasser bestimmt. Ohne Herauslösen des wasserlöslichen Anteils ist – wie zu erwarten – durch die hohe Aufnahme an Alkalien die scheinbare und insbesondere die wahre Porosität niedrig.

Bei der Porositätsbestimmung durch zweistündiges Kochen in Wasser wurde festgestellt, daß der lösliche Anteil im Wasser (also am Stück bestimmt) z. T. deutlich niedriger lag als der am analysenfeinen Pulver bestimmte lösliche Anteil. Es wird also beim zweistündigen Kochen der wasserlösliche Anteil nicht vollständig herausgelöst. Es wurde daher die gefundene Gesamtporosität umgerechnet auf das wasserunlösliche Steingerüst, und zwar wurde als Rohdichte des löslichen Anteils 1,8 g/cm^3 eingesetzt, ein Wert, der aus Versuchen mit verschiedenen Kochzeiten ermittelt werden konnte. Die so errechneten Werte sind in der Tab. 9 wiedergegeben. Man erkennt, daß bei den hochwertigen dichten Schamottesteinen die Porosität des feuerfesten Gerüstes (mit den wasserunlöslichen Mineralneubildungen), auch wenn nur geringe Mengen an Alkalien aufgenommen werden, etwa 2–4% höher liegt als die Porosität der Steine im Anlieferungszustand. Die Steine werden also durch die verschiedenartige Beanspruchung im Betrieb (Abscheidungen, Kristallisationen, Wärmespannungen) poröser, wie es auch aus den mikroskopischen Untersuchungen zu vermuten war. Bei dem Stein b, der auch sehr hochgebrannt war, allerdings im Tonerdegehalt niedriger lag als die dichten Steine, ist praktisch keine Veränderung des Gerüstes zu beobachten, wenn auch

Tab. 9 Gesamtporosität des feuerfesten Gerüstes (ohne wasserlöslichen Anteil) der Zone der gebrauchten Steine aus Hochofen V

Qualität	Zone Nr.	Gesamtporosität %
a	heiß 1	19
	2	19
	3	16,5
	kalt 4	15
	Anlieferung	22
b	heiß 1	20,5
	2	18
	3	19,5
	kalt 4	19
	Anlieferung	20,5
c	heiß 1	15
	2	13
	kalt 3	13
	Anlieferung	11–12
d	heiß 1	16
	2	16,5
	kalt 3	14
	Anlieferung	14

in der Mitte des Steines eine geringfügige Verdichtung (Schwinden) gegenüber dem Anlieferungszustand zu erkennen ist. Ein deutlich anderes Verhalten zeigt Steinqualität a, die den niedrigsten Tonerdegehalt hatte; die Porosität der kalten Zone ist deutlich herabgesetzt, während die heiße Seite, vermutlich durch die hohe Aufnahme an Alkalien, wieder ein Aufblähen zeigte. Der niedrig gebrannte Al_2O_3-ärmere Schamottestein schwindet also durch die Aufnahme bereits geringer Mengen von Alkalien bei verhältnismäßig niedriger Betriebstemperatur (ca. 800° C) aber langer Betriebszeit deutlich nach. Die Verdichtung der kalten Seite führte bei Steinqualität a zu einer Verringerung der Porosität und Gasdurchlässigkeit und damit zu einer geringeren Aufnahme an Alkalien (und wasserlöslichem Anteil) bzw. zu einem Anstauen der Alkalien in der Mitte des Steines (siehe Abb. 10).

In Bestätigung der Zunahme der Gesamtporosität bei den dichten Steinen ergibt sich eine wenn auch geringfügige Erhöhung der Gasdurchlässigkeit von der kalten zur heißen Seite dieser Steintypen (Tab. 10). Durch das Verglasen unter gleichzeitigem Schwinden wird bei Qualität a die Gasdurchlässigkeit an der

Tab. 10 Gasdurchlässigkeit der verschiedenen Zonen der gebrauchten Steine aus Hochofen V (in nPm)

Qualität	Anlieferung	Kalte Seite	Heiße Seite
a	4–6	0,8	1,3
b	5–7	5,8	1,7
c	1–3	2,4	2,8
d	2	2	3

kalten Seite stark herabgesetzt, während bei Qualität b trotz des hohen Anteils an wasserlöslichen Salzen der kalten Seite die Gasdurchlässigkeit gegenüber dem Anlieferungszustand nicht absinkt; es ist bekannt und durch die Untersuchungen am Anschliff bestätigt, daß bei diesem Steintyp sich durch das Brennen bzw. langes Verweilen auf Temperatur grobe Poren entwickeln, die zu einer deutlichen Erhöhung der Gasdurchlässigkeit führen. Die Gasdurchlässigkeit der heißen Seite der Steine wird bestimmt durch die Menge der aufgenommenen Alkalien bzw. dem wasserlöslichen Anteil (Abb. 29).

Die Gasdurchlässigkeit wurde bestimmt an Zylindern mit 50 mm Durchmesser und 50 mm Höhe, die naß aus dem Stein herausgebohrt wurden. Die gefundenen Werte sind deshalb nur als Anhaltswerte zu betrachten, da am Rand der Prüfkörper ein Teil der wasserlöslichen Salze herausgelöst wurde.

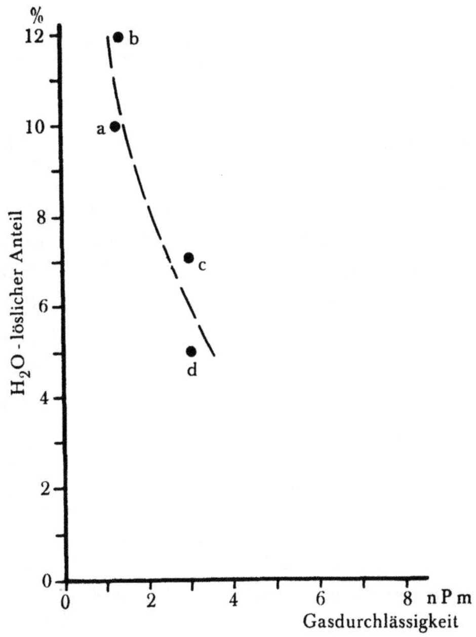

Abb. 29 Abhängigkeit der Gasdurchlässigkeit der heißen Seite der Steine aus Hochofen V von der Menge an wasserlöslichen Salzen

Um Hinweise auf die Abriebfestigkeit der mit Alkali durchtränkten Steine zu erhalten, wurde die Kaltdruckfestigkeit an der kalten und heißen Seite der Steine aus dem 10. Kühlkastenring untersucht (Tab. 11). Die Aufnahme von 10% Alkalien erhöht die Druckfestigkeit auf über 1100 kg/cm², eine weitere Aufnahme von Alkalien bis zu 25% bringt keine Steigerung, eher wieder eine Verringerung der Festigkeit mit sich.

Tab. 11 Änderung der Kaltdruckfestigkeit durch Aufnahme von Alkalien

Qualität	Anlieferung	Steine aus dem 10. Kühlkastenring			
		Kalte Seite		Heiße Seite	
		Alkaligehalt		Alkaligehalt	
	kg/cm²	%	kg/cm²	%	kg/cm²
a	350–400	11	1130	24	1115
b	500–800	11	1160	24	1140
c	400–600	6	545	11	900
d	500–700	2,5	475	7	1700

Tab. 12 Mikrohärten der verschiedenen Phasen in den gebrauchten Steinen aus Hochofen V (in kg/mm²).
(In Klammern die von den Steinzonen aufgenommene Alkalimenge)

Qualität			Steinzone niedriger Temperatur, kaum Alkaliaufnahme	Steinzone mittlerer Temperatur	Steinzone hoher Temperatur
a	Füllkorn		–	(+ 10% Alk.) 1180	(+ 24% Alk.) 880–1240
	Bindemasse		–	790–1090	–
b	Füllkorn			(+ 10% Alk.)	(+ 22% Alk.)
		mehr Glas	750– 840	840– 990	810
		mehr Mullit	1130–1300	1370–1440	1440–1520
	Bindemasse	Glas	570	570– 680	–
		Glas + Mullit	–	810–1180	–
c	Füllkorn	mehr Glas	–	(+ 2% Alk.) 720– 780	(+ 9% Alk.) 700– 910
		mehr Mullit	1040–1440	1040–1590	840–1370
	Bindemasse	Glas	690– 750	510	550– 590
		Glas + Mullit	–	790–1040	1180
d	Füllkorn			(+ 2% Alk.)	(+ 7% Alk.)
		mehr Glas	840–1240	1040	–
		mehr Mullit	–	1305–1370	1440–1520
	Bindemasse	Glas + Mullit	950–1090	750–1040 (reines Glas ca. 680)	700– 840

Kalsilit 1600–1900, derbe Mullite 1600–1750, Metall 750.

Bei den hochwertigen Qualitäten c und d, die verhältnismäßig wenig Alkali aufgenommen haben, tritt bei niedrigen Alkaliaufnahmen eher eine Verringerung der Festigkeit, insbesondere bei der Qualität d auf; bei höheren Alkaligehalten, etwa über 7%, steigt die Festigkeit dann allerdings sehr rasch an. Es ist zu beobachten, daß die Qualität c an der dem Verschleiß ausgesetzten Zone eine deutlich niedrigere Kaltdruckfestigkeit hat als die Qualität d, deren Festigkeit als sehr hoch anzusprechen ist. Möglicherweise ist dies ein Anhaltspunkt, warum die Qualität c in ihrer Reststeinstärke sogar unterhalb der der Qualität b liegt.
Zur Bestätigung der mikroskopisch bestimmten Kristallneubildungen und Abscheidungen wurden auch eine große Zahl von Mikrohärteprüfungen der einzelnen Phasen (so weit möglich) unter konstanten Bedingungen durchgeführt. Eine Zusammenfassung der Ergebnisse zeigt Tab. 12. Bei allen Abweichungen ergibt sich, daß die Mikrohärten der gleichartigen Phasen der verschiedenen Steine prinzipiell etwa gleich sind. Durch zunehmende Alkaliaufnahmen werden die glasigen Partien der Bindemasse weicher, während im Füllkorn die mullitreichen Teile durch die Vergröberung der Mullite unter dem Einfluß der höheren Temperatur härter werden. Die angeglasten Ränder der Magerkörner haben dagegen deutlich niedrigere Härten als das Magerkorn selbst. Die Kristallneubildungen (Kalsilit, Spinellide) und derbe Mullitkristalle zeigen hohe Mikrohärten. Eine Beziehung zwischen der Reststeinstärke der Steine und der Mikrohärten der verschiedenen Phasen konnte nicht gefunden werden.
Weitere Hinweise zum Verschleiß der Steine sind zu erwarten durch die Untersuchungen der wahren Druckfeuerbeständigkeit der heißen Seiten. In der folgenden Tab. 13 sind die wahren DFB-Werte der heißen Seite den Werten der Steine im Anlieferungszustand gegenübergestellt. Durch die Aufnahme der Alkalien ist eine Erhöhung des Erweichungsbeginns (t_0) bei allen Qualitäten zu

Tab. 13 Veränderung der wahren DFB-Werte durch die Aufnahme von Alkalien (in °C)

Qualität		Alkaligehalt %	t_0	t_{05}	t_b
a	A	1,7	n. b.	n. b.	n. b.
	h	13,4 (+ 10,7)	1250	1310	1320
b	A	1,5	900	1360	
	h	9,4 (+ 9,7)	1000	1260	1320
c	A	2,2	990	> 1350	
	h	4,7 (+ 2,5)	> 1300		
d	A	0,6	850	> 1350	
	h	5,5 (+ 4,9)	1180	1280	bei 1300° C — 1,3%

A = Anlieferung
h = heiße Seite

beobachten, während allerdings bereits der $t_{0,5}$-Wert bei den Qualitäten a, b und d deutlich niedriger liegt. Die Qualitäten a und b, die sehr viel Alkali aufgenommen haben, zeigen ein haltloses Erweichen bei 1320° C. Bei der Qualität d, die im Vergleich zum Anlieferungszustand etwa 5% Alkalien aufgenommen hat, liegt der t_b-Wert etwas höher. Bemerkenswert ist das Verhalten der Qualität c, die im Vergleich zum Anlieferungszustand 2,5% Alkalien aufgenommen hat und die eine wesentlich bessere Druckfeuerbeständigkeit im Vergleich zum Anlieferungszustand zeigte. Der Erweichungsbeginn liegt bei über 1300° C. Es ist also hier eine deutliche Verbesserung der DFB und des Fließens bei mittleren Temperaturen zu beobachten, obwohl der Stein insgesamt jetzt etwa 4,7% Alkalien aufweist.
Die Verbesserung der Eigenschaftswerte feuerfester Steine durch die langzeitige Einwirkung der Temperatur und der z. T. günstige Einfluß geringer Mengen aufgenommener Alkalien ist bekannt. Als weiteres Beispiel sind in Tab. 14 die

Tab. 14 Verbesserung der Dauerstandfestigkeit bei Steinqualität e aus dem 29. Kühlkastenring

	Alkaligehalt %	Wahre DFB t_0 °C	t_{05} °C	Fließen bei 1300° C/24 h %	Fließgeschwindigkeit zwischen 15.–24. h %/h	Gesamtporosität %
Kalte Seite	3,3	1090	1290	— 4	0,06	20,4
Heiße Seite	4,7	1080	1210	— 1,9	0,02	20,4

Erweichungswerte für den Stein e aus dem 29. Kühlkastenring angeführt. Wie bereits beschrieben, kristallisiert im Betrieb noch etwas Mullit aus und der Stein hat etwa 1,5% Alkalien aufgenommen. Der t_0- und insbesondere der $t_{0,5}$-Wert werden durch die Aufnahme von Alkalien (höherer Glasanteil) etwas herabgesetzt, während dagegen das Fließen durch das Wachsen der Mullitkristalle durch die langzeitige thermische Beanspruchung doch deutlich niedriger liegt als im Anlieferungszustand. Die Fließgeschwindigkeit bei 1300° C/24 h zwischen der 15. und 24. Stunde wurde von 0,06%/h auf 0,02%/h herabgesetzt.
Im Vergleich zu den Steinen im Anlieferungszustand zeigt sich eine höhere thermische Ausdehnung der heißen Steinzonen. Dies ist darauf zurückzuführen, daß sich Kalsilit und auch Leucit gebildet haben, die in ihrer Ausdehnung wesentlich über der normalen Schamotteausdehnung liegen. Insbesondere bei der Qualität a ist ein deutliches Wachsen auch unter der Belastung von 2 kg/cm² ab etwa 1000° C zu beobachten; dieser Stein hatte die meisten Alkalien aufgenommen. Laborversuche zeigten, daß Mischungen aus Feuerfestmaterial und Alkalisalzen bei 1000–1200° C ein Blähen ergeben [15].

6.4.4 *Zusammenfassung*

Die Alkaliaufnahme wird weitgehend bestimmt durch die Porosität und die Gasdurchlässigkeit der Steine, wobei zu beachten ist, daß je nach Qualität der Steine sich die Eigenschaften während des Betriebs doch wesentlich gegenüber dem Anlieferungszustand verändern können. Normal gebrannte Steine mit mittlerem Al_2O_3-Gehalt zeigen bei der Aufnahme von Alkalien ein Schwinden der kälteren Steinpartien, wodurch Porosität und Gasdurchlässigkeit und damit die Aufnahme von Alkalien herabgesetzt wird. Hochgebrannte dichte Steine zeigten bereits bei wenig Alkaliaufnahme eine Erhöhung der Porosität; bei manchen hochgebrannten Steinen tritt eine Vergröberung der Porentextur ein.
Bei den Steinen mit niedrigem Tonerdegehalt, die allerdings auch den höchsten Alkaligehalt aufweisen, ist eine deutliche Reaktionszone von etwa 5 bis 10 mm Dicke zu beobachten, während bei den hochwertigen Qualitäten diese nicht auftritt oder so klein ist, daß sie bei der üblichen Präparation nicht erfaßt wird. Die Dicke der äußersten Reaktionszone ist abhängig von der Menge an aufgenommenen Alkalien und damit von der Porosität der Steine und wahrscheinlich auch vom Al_2O_3-Gehalt der Steine.
Die Festigkeit der heißen Seite erhöht sich durch die Alkaliaufnahme z. T. erheblich, wobei Unterschiede bei den einzelnen Qualitäten zu beobachten sind. Die Glaspartien im Bindemittel werden durch die Aufnahme von Alkalien weicher, während das Füllkorn höhere Mikrohärten ergibt.
Bei geringfügiger Aufnahme von Alkalien und der langzeitigen Einwirkung der Temperatur werden die DFB-Werte und das Druckfließen der Steine deutlich verbessert. Auch durch erhebliche Aufnahme von Alkalien sinkt der Erweichungsbeginn nicht unter die normalerweise im Betrieb an der heißen Seite der Steine im Schacht herrschenden Temperaturen von ca. 1000° C. Das Erweichungsintervall bis zum t_b-Wert wird schmaler; das haltlose Erweichen der hoch alkalihaltigen Reaktionszonen liegt bei ca. 1320° C–1350° C.
Durch die Bildung von Kalsilit und Leucit liegt die Ausdehnung der hoch alkalihaltigen Zonen wesentlich höher als die der Steine im Anlieferungszustand. Bei hohem Alkaligehalt tritt ab etwa 1000° C ein Blähen auf, das sich auch gegen die Belastung von 2 kg/cm² durchsetzt.
Das Verschleißverhalten bzw. die Reststeinstärke wird nicht allein bestimmt durch die Alkaliaufnahme und damit durch Porosität und Gasdurchlässigkeit, sondern auch, wie das Verhalten der dichten Qualität c zeigte, von den Gefügeeigenschaften der Steine. Eine genügende Elastizität des Gefüges der Steine muß gegeben sein, damit es den vielseitigen Beanspruchungen durch Kristallneubildungen und Abscheidungen mit Volumenzunahme, Temperaturwechsel, Unterschiede in der thermischen Ausdehnung der einzelnen Zonen widerstehen kann. Ein hoher Erweichungsbeginn der heißen alkalihaltigen Zonen, d. h. ein zu starres Gefüge, scheint das Abplatzen von gesundem Steinmaterial zu begünstigen, worauf später noch ausführlich eingegangen wird.

7. Untersuchungen an Steinen aus der Rast eines Versuchshochofens mit 1 m Herddurchmesser

7.1 Einleitung

In einem Schachtofen mit einem Gestelldurchmesser von 1,4 m wurde die etwa 1 m hohe Rast mit drei verschiedenen Steinqualitäten zugestellt. Es wurde ein eisenreicher Sinter (100%) verhüttet. Die Windtemperatur betrug 1040° C, die Roheisentemperatur 1400° C, die Schlackentemperatur 1440° C und die Schlakkenbasizität 1,3. Beim Einfahren des Versuchsofens stellte sich heraus, daß das Gestell kalt wurde, so daß man die Spritzkühlung abstellen mußte. Es wurde deshalb unterhalb einer Blasform eine Wassersammelrinne angeschweißt und darunter der Mantel mit Asbest gegen zu starke Wärmeabstrahlung geschützt. Die Temperatur im Gestellpanzer blieb im Bereich von 250 bis 300° C. Durch Vergrößerung der Formen konnte im späteren Verlauf des Versuchs die spezifische Leistung auf 4 t Roheisen/m^3 Nutzvolumen in 24 Stunden erhöht werden. Nach insgesamt 2½monatigem Betrieb – der forcierte Betrieb dauerte etwas über 1 Monat – wurde der Ofen stillgelegt.

7.2 Eigenschaften der Steine im Anlieferungszustand

Die Eigenschaften der Versuchssteine sind in der Tab. 15 zusammengestellt. Es handelt sich um einen alkaliarmen Schamottehochofenstein N mit 42–44% Al_2O_3, einen dichten Schamottestein D, besonders flußmittelarm und hochgebrannt und einen Sillimanitstein S mit etwa 56% Al_2O_3. Bei den Werten für die Porosität des Sillimanitsteines stellte sich bei den späteren Untersuchungen heraus, daß die scheinbare Porosität nicht wie angegeben bei 15–20%, sondern bei 21–23% lag. Die geschlossenen Poren liegen bei allen Qualitäten zwischen 1 und 2%. Die deutlichen Unterschiede in Porosität und Gasdurchlässigkeit der Versuchssteine ließen erhoffen, daß der Einfluß dieser beiden Eigenschaften beim Verschleiß der Steine zu erkennen ist.

7.3 Beobachtungen am Mauerwerk und an den ausgebrochenen Probesteinen

Die Besichtigung des abgestellten Versuchsofens zeigte, daß die oberhalb der Windformebene eingebauten drei Steinqualitäten deutlich unterschiedlichen Verschleiß hatten. Am besten verhielt sich die Qualität D, am schlechtesten der Sillimanitstein S, während die normale 32–44%ige Al_2O_3-Qualität eine Mittel-

Tab. 15 Eigenschaftswerte der in den Versuchshochofen eingebauten Steinqualitäten

Qualität		N	D	S
Al_2O_3	%	42–44	43–44	55–59
TiO_2	%	1,7	1,3	1,6
Fe_2O_3	%	1,4	0,7	1–2
$CaO + MgO$	%	0,5	0,2	0,5
$Na_2O + K_2O$	%	1,1	0,7	1–1,2
Dichte	g/cm^3	2,80	2,77	3,08
Rohdichte	g/cm^3	2,2–2,26	2,35–2,4	2,35–2,4
Offene Poren	%	18–20	12–14	21–23
Gesamtporosität	%	19,5–21,5	13,5–15	22–23,5
Gasdurchlässigkeit	nPm	6	3,5	21,5
Kaltdruckfestigkeit	kg/cm^2	300–400	500–600	600
Thermische Ausdehnung bis 1000°C	%	0,7	0,6	0,5
DIN t_a	°C	1450	1520–1550	1600
Wahre DFB	t_0	1200	1255	1260
	t_{05}	1420	1450	1450
Fließen	%	1400°C/24 h — 5,2	1450°C/24 h — 5,4	1400°C/24 h — 0,8
Fließgeschwindigkeit zwischen 15. und 24. h	%/h	0,095	0,1	0,017
TWB DIN 1068 B Abschreckungen		15–20	8–10	15
CO-Beständigkeit		ausgezeichnet	n. b.	vollständig

stellung einnimmt, aber über jeder Windform besonders starke Einbuchtungen hatte. Der Sillimanitstein zeigte gegenüber den beiden anderen Qualitäten auch zwischen den Windformen einen starken Verschleiß. Die beim Abbruch des Ofens durchgeführten Dickemessungen des Mauerwerks in den verschiedenen Höhen über den Blasformen bestätigen die Feststellungen bei der Besichtigung des Ofens. Man sieht aus Abb. 30, welche horizontale Schnitte der Rast in verschiedenen Ebenen wiedergibt, daß die Zonen oberhalb der Blasformen stärker angegriffen sind als zwischen den Blasformen, aber man erkennt auch schon aus dieser Abbildung, daß der Bereich des D-Steines weniger stark angegriffen erscheint als die anderen Bereiche. Noch besser erkennt man dies in Abb. 31, die senkrechte Schnitte durch die Rast zeigt. Der Bereich oberhalb der dritten Form ist deutlich sichtbar am wenigsten angegriffen. Der D-Stein hat also offenbar am besten gehalten. Man vermutet sogar, daß er noch besser gestanden hätte, wenn er nicht als Unterlage einen normalen Schamottestein gehabt hätte, der ausgewaschen und ihm dadurch der Halt genommen wurde.

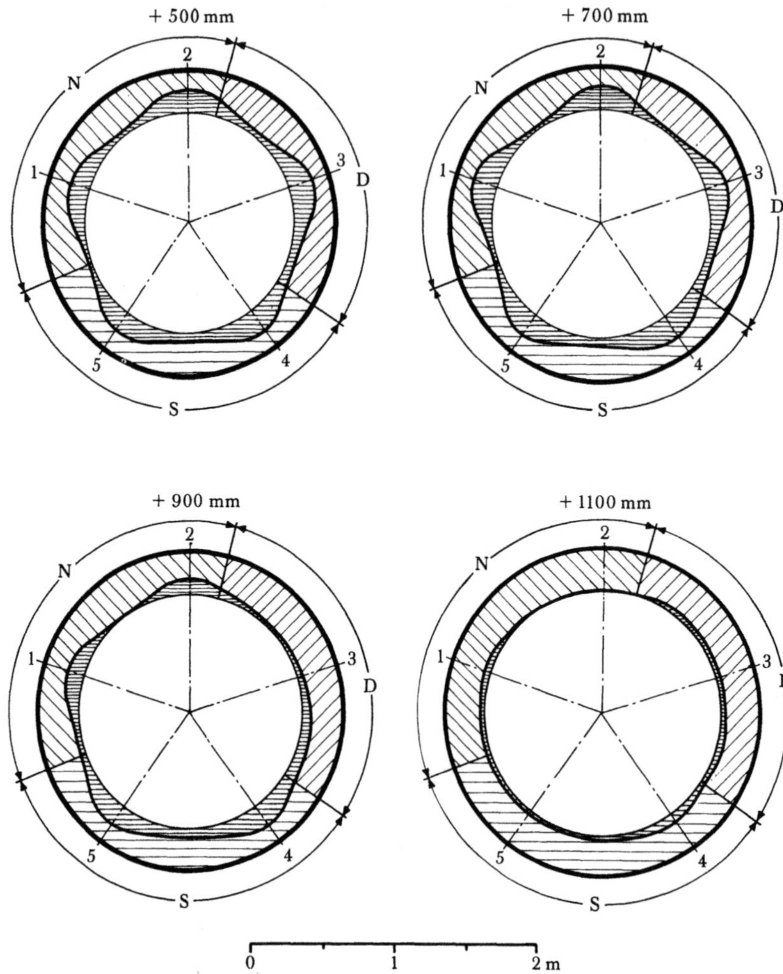

Abb. 30 Verschleißbild der Rast des Versuchshochofens
Horizontale Schnitte der Rast in verschiedenen Ebenen

Vom Bedienungspersonal des Ofens wurde erklärt, daß bei dem anfänglich normalen Betrieb des Ofens bei allen Steinqualitäten kaum Verschleiß auftrat und erst bei dem anschließenden forcierten Betrieb die Differenzierung im Verschleiß der Qualitäten erkennbar wurde. Die Temperaturverteilung im Ofen über den Querschnitt war gleichmäßig, so daß die Unterschiede im Verschleißverhalten nicht auf Temperaturunterschiede zurückgeführt werden können.
Bei den uns zugegangenen Versuchssteinen aus dem abgebrochenen Ofen war die Beschriftung und damit der Ort der Probenahme bzw. die Lage des Steines im Ofen nicht mehr feststellbar. Es wurden daher die kürzesten und die längsten

Steine jeder Qualität zersägt und je ein Stein davon für die Untersuchungen herangezogen. Die längsten Steine, die keinen Verschleiß hatten, stammten aus dem obersten Teil der Rast bzw. dem Übergang zum Schacht, wie es auch in Abb. 22 zu erkennen ist. Nach den Temperaturmessungen dürfte die Temperatur der heißen Seite bei etwa 1000° C gelegen haben. Die kürzesten Steine stammen aus dem Hauptverschleißgebiet. Die Temperaturen dürften hier an der heißen Seite max. 1250° C erreicht haben.

Die Steine wurden in Zonen zerteilt, die dann untersucht wurden. Eine Rißbildung konnte nicht beobachtet werden, wenn auch die äußersten Reaktionszonen (ca. 5–10 mm), die meist weniger fest waren als das anschließende Steinmaterial, z. T. einen schichtartigen Aufbau erkennen ließen.

Beim Vergleich der zerschnittenen Steine ergab sich, daß die langen, d. h. die Steine ohne Verschleiß, gleich tief infiltriert waren. Diese gleichartige Infiltration, die bis etwa 200 mm in die Steine vordrang, ist ein Zeichen dafür, daß die Temperatur der heißen Seite und die Temperaturverteilung in den einzelnen Steinqualitäten ähnlich war.

Die kurzen Steine waren unterschiedlich in ihrer Länge und Infiltrationstiefe, wie es auch nach dem unterschiedlichen Verschleiß jedes einzelnen Steines in der Hauptverschleißzone zu erwarten war (Abb. 31).

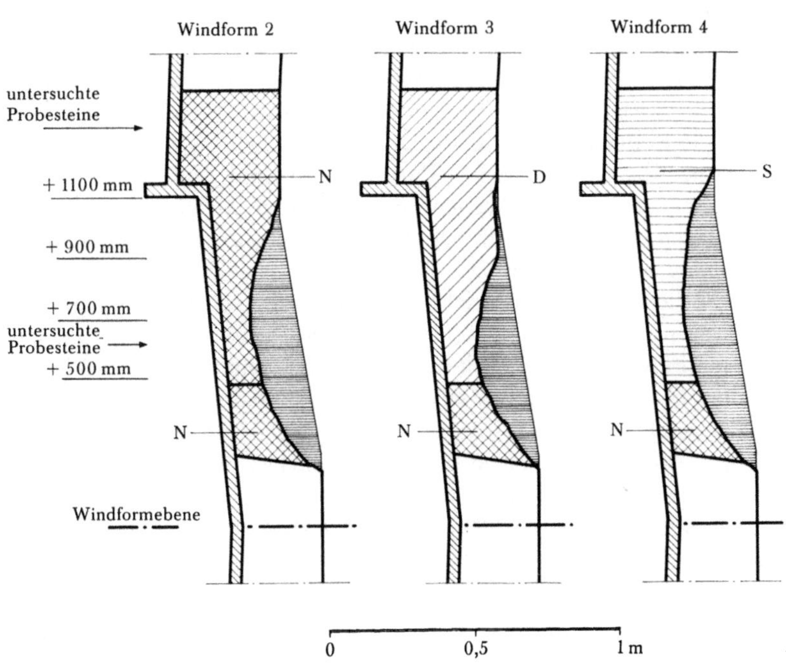

Abb. 31 Senkrechte Schnitte durch die Rast des Versuchshochofens und Kennzeichnung der Probeentnahmestellen

7.4 Chemische Zusammensetzung der Steinzonen

Die Ergebnisse der chemischen Analyse sind in den Tab. 16 und 17 wiedergegeben.

Al_2O_3- und SiO_2-Gehalt nehmen zur heißen Seite hin ab, wobei sich bei einer überschlägigen Berechnung die Verminderung dieser beiden Komponenten durch die Aufnahme an Fremdoxyden erklären läßt, also kein Verlust an Al_2O_3 oder SiO_2 eintritt.

Sowohl von den Steinen ohne Verschleiß wie aus der Hauptverschleißzone wurden praktisch nur Alkaliverbindungen aufgenommen. Andere Bestandteile, wie Zink, Kupfer, Blei liegen nur in Mengen von max. 0,3%, meist unter 0,1% vor, wie die spektralanalytischen Untersuchungen der einzelnen Zonen zeigten. Verschiebungen im Fe_2O_3- und TiO_2-Gehalt sind nicht zu beobachten. Im Wasserauszug konnten beträchtliche Mengen an Cyanid, Chlorid und auch etwas Phosphor und Schwefel nachgewiesen werden.

Die äußerste Reaktionszone, die bei allen Steinen sehr ähnlichen Alkaligehalt hat, enthält z. T. hohe Mengen an CaO und auch MgO und in den stark verschlissenen Steinen auch Fe_2O_3(FeO, Fe). Diese Bestandteile bleiben jedoch in der Reaktionszone und dringen nicht weiter in die anschließende Steinzone ein. Die Bestimmung des Kohlenstoffgehaltes in den Zonen der kurzen Steine zeigte, daß der Sillimanitstein S mit seinem höheren Eisengehalt auch etwas mehr freien Kohlenstoff hatte als die Qualität D mit nur 0,7% Fe_2O_3. Es bildet sich ein Kohlenstoffmaximum von bis zu 1,5% etwa in der Mitte der Steine aus; eine Rißbildung in diesen Zonen wurde nicht beobachtet.

Die Abb. 32 zeigt das Konzentrationsgefälle des K_2O-Gehaltes von der heißen zur kalten Seite bei den untersuchten Steinqualitäten. Die Verschiebungen sind qualitativ gleich, doch erkennt man deutliche Unterschiede in der Menge an aufgenommenem Alkali, abhängig von Porosität und Gasdurchlässigkeit der Steine. Trotz der unterschiedlichen Mengen an infiltrierten Alkaliverbindungen endet bei den Steinen ohne Verschleiß bei allen Qualitäten die Alkaliaufnahme in der gleichen Tiefe, unabhängig von der Porosität der Steine im Anlieferungszustand. Der H_2O-lösliche Anteil entspricht etwa dem doppelten Wert der löslichen Alkalien, ausgedrückt in K_2O und Na_2O. Die wasserlöslichen Alkaliverbindungen sind in der Mitte der Steine angereichert, während in den heißen Zonen die Alkalien überwiegend zu wasserunlöslichen Verbindungen abreagiert haben, erkennbar durch ein fast stufenförmiges Ansteigen des Gehaltes an wasserunlöslichem Alkali und Abfallen des wasserlöslichen Anteils.

Die Gegenüberstellung von Gesamt-K_2O und nicht wasserlöslichem K_2O (Abb. 33) zeigt ein unterschiedliches Reaktionsverhalten der einzelnen Qualitäten mit den infiltrierten K-Verbindungen. Am stärksten reagieren die aufgenommenen Kaliumverbindungen mit dem D-Stein, weniger stark mit der Qualität N und am geringsten mit dem Sillimanitstein. Diese unterschiedliche Reaktion des Steinmaterials, die unabhängig erscheint von der Porosität der Steine, tritt bei allen Qualitäten im mittleren Bereich der Steine auf, d. h. daß die Temperaturen in etwa gleich waren und die unterschiedliche Reaktion nicht auf Unter-

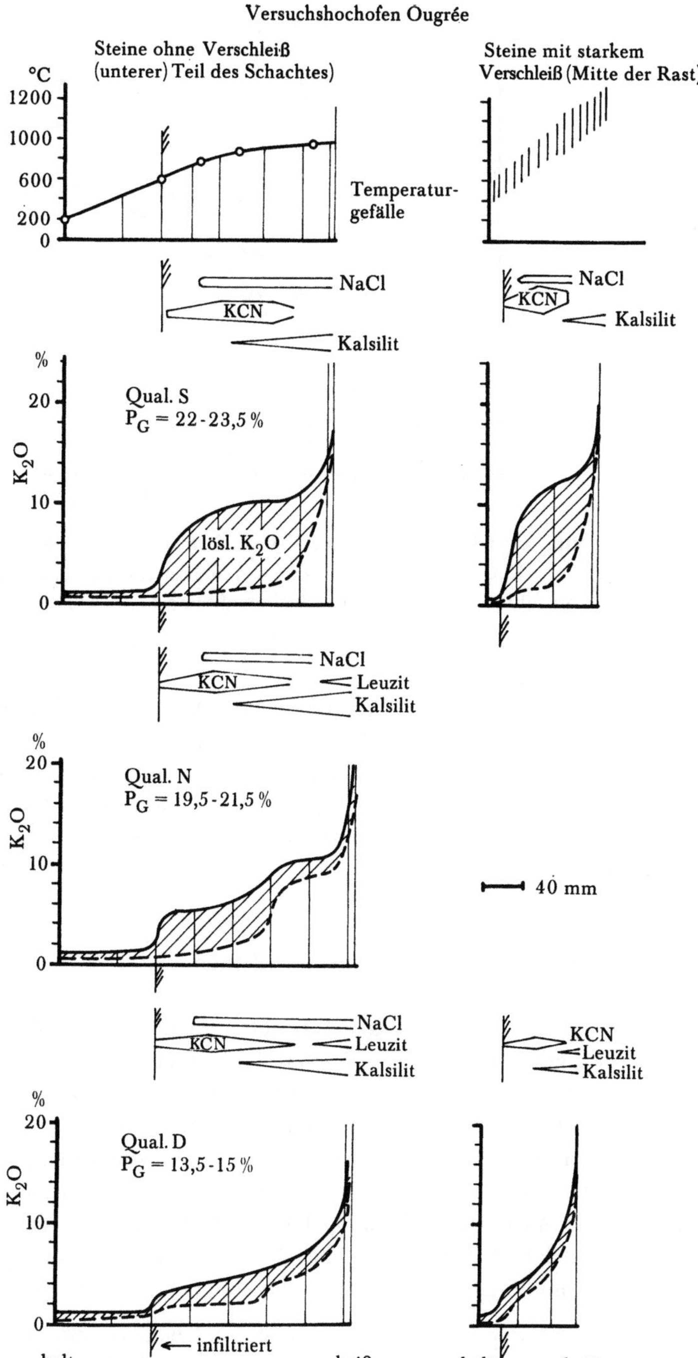

Abb. 32 Gegenüberstellung der Alkaliaufnahme bei den drei Steinqualitäten aus der Rast des Versuchshochofens
Zusätzlich eingezeichnet sind die Bereiche, in denen Kalsilit, Leucit, KCN und NaCl auftreten und das Temperaturgefälle in den Steinen

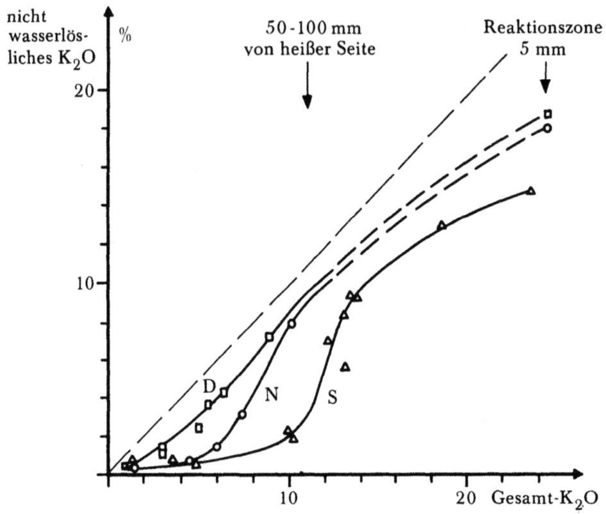

Abb. 33 Beziehung zwischen dem Gesamt-K_2O-Gehalt und dem nicht wasserlöslichen Anteil an »K_2O« in den Zonen der Versuchssteine zur Kennzeichnung der Reaktionsfähigkeit der einzelnen Steinqualitäten beim Alkaliangriff

schiede in der Temperatur zurückzuführen ist. Die Löslichkeit der aufgenommenen Na-Verbindungen (max. 3% Na_2O) ist in den verschiedenen Zonen sehr unterschiedlich; wie bei den Steinen aus dem Hochofen V (siehe Abb. 11) ergibt sich praktisch kein Zusammenhang zwischen Gesamt-Na_2O und gelöstem Anteil an Na_2O. Die Na-Verbindungen reagieren weniger mit dem Feuerfestmaterial als K_2O.

7.5 Mineralogische Untersuchungen der Zonen

Mit Hilfe der Röntgenmineralanalyse konnten folgende kristalline Alkaliverbindungen nachgewiesen werden: Kalsilit in den heißen, stärker infiltrierten Zonen der Steine; bei den SiO_2-reichen Steinqualitäten D und N konnte in der heißesten Zone zusätzlich Leucit beobachtet werden. Die mittleren Steinzonen enthalten in Übereinstimmung mit ihrem hohen wasserlöslichen Anteil erhebliche Mengen an KCN, welches auch mikroskopisch als weiße kristalline Substanz zu erkennen war; auch die Verbindung KCNO wurde nachgewiesen. Zusätzlich trat in allen infiltrierten Zonen etwas NaCl auf. Die Bereiche, in denen die verschiedenen Verbindungen auftreten, sind zusätzlich in Abb. 32 eingetragen.

Aus den Temperaturmessungen an der kalten und heißen Seite der Steine läßt sich das Temperaturgefälle in den Steinen in etwa ermitteln. Es ergibt sich für die Infiltrationsgrenze ein Temperaturbereich um 600°C, also in der Nähe der Schmelzpunkte von KCN und NaCl. Die Alkaliverbindungen dringen somit

Tab. 16 Untersuchungswerte der Steine aus dem unteren Teil des Schachtes des Versuchshochofens
(Steine ohne Verschleiß)

Stein-qualität	Zone Nr.	Zonen-länge	Chemische Analyse (geglühte Substanz) Glüh-verlust	C	SiO_2 (Diff.)	Al_2O_3	TiO_2	Fe_2O_3	CaO	MgO	Na_2O	K_2O	H_2O-löslicher Anteil	Rückstand nach H_2O-Behandlung Na_2O	K_2O	Mineralaufbau Mullit	Silli-manit	Cristo-balit	Dichte	Roh-dichte	Offene Poren	Gesamt-poren	H_2O-löslich (am Stück)	Gesamt-poren, bezogen auf H_2O-löslich frei
		mm	%	%	%	%	%	%	%	%	%	%	%	%	%	%	%	%	g/cm^3	g/cm^3	%	%	%	%
N	1	5	11,6	6,1	34,7	28,7	1,5	1,3	4,0	0,14	4,94	24,7	16,3	1,48	16,7	6	–	0						
	2	40	1,15		45,8	38,7	0,9	1,3	1,1	0,27	1,4	10,5	5,5	0,75	9,1	45		11	2,77	2,50	7,0	9,8	0,5	12
	3	40	2,9		47,4	38,2	1,65	1,1	0,34	0,11	1,05	10,1	6,5	0,35	8,0	47		26	2,76	2,49	5,3	10,0	1,25	13
	4	40	3,15		47,8	40,0	1,45	1,2	0,5	0,11	1,35	7,6	9,0	0,25	3,05	54		26	2,77	2,43	8,2	12,5	1,85	16,5
	5	40	3,55		48,3	40,7	1,55	1,55	0,8	0,2	1,05	5,9	11,2	0,14	1,4	52		27	2,75	2,41	9,9	12,5	2,85	17
	6	40	3,77		49,6	40,4	1,65	1,45	0,65	0,12	1,35	4,9	7,1	0,1	0,87	52		27	2,77	2,37	12,8	14,4	3,05	17
	7	40	1,34		52,2	42,0	1,8	1,45	0,58	0,11	0,3	1,6	2,0	0,08	0,5	59		31	2,80	2,29	17,0	18,2	0,54	19,5
	8	60	1,08		51,4	43,5	1,7	1,4	0,5	0,1	0,18	1,25	2,0	0,08	0,5	59		28	2,82	2,26	18,0	19,7	0,70	20,5
		305																						
S	1	5	19,0		29,4	40,8	1,2	0,76	1,55	0,33	2,45	23,5	22,7	0,37	14,7	13	14	–						
	2	40	3,9		31,5	51,6	1,65	0,76	0,37	0,11	1,05	13,0	6,0	0,37	8,3	37	20		2,96	2,56	12,8	13,6	2,7	15
	3	40	3,85		33,4	52,4	1,7	0,79	0,26	0,1	1,18	10,2	10,3	0,1	2,0	45	22		2,97	2,59	11,5	12,9	2,75	15
	4	45	5,2		31,8	52,6	1,5	0,96	0,53	0,58	1,62	10,4	13,3	0,2	1,75				2,90	2,56	11,3	11,7	3,3	17
	5	60	4,8		33,6	54,5	1,35	1,2	0,34	0,39	2,95	5,68	9,9	0,2	1,1	46	23		2,97	2,53	14,8	14,9	3,89	18
	6	40	0,9		40,4	54,4	1,58	1,0	0,35	0,39	0,55	1,3	2,0	0,3	0,75	50	25		3,06	2,40	21,6	21,6	1,07	22,5
	7	60	0,6		36,4	58,9	1,56	1,1	0,33	0,2	0,45	1,06	1,8	0,3	0,65	47	23		3,08	2,36	22,3	23,4	0,06	24
		290																						
D	1	5	14,0	8,3	35,2	28,9	0,75	1,45	6,2	1,05	2,0	24,5	13,3	0,53	18,6	6	–	0						
	2	40	1,4		50,6	38,2	1,08	0,5	0,1	0,1	1,15	8,3	3,0	0,44	7,2	43		14	2,75	2,52	4,3	8,25	0,04	10
	3	40	2,0		50,2	40,5	1,15	0,5	0,1	0,1	1,0	6,5	4,6	0,36	4,05	48		18	2,74	2,51	4,9	8,1	1,1	11
	4	40	2,65		53,2	38,4	1,2	1,0	0,1	0,3	0,82	5,0	7,1	0,19	2,35	55		20	2,75	2,47	6,5	10,3	1,3	13
	5	40	2,45		51,7	40,6	1,15	1,0	0,1	0,26	0,75	4,4	7,6	0,29	(3,8)	55		24	2,75	2,45	7,4	11,4	1,9	14
	6	40	2,66		50,7	43,3	1,03	0,66	0,16	0,1	1,0	3,05	5,3	0,08	1,3				2,76	2,43	9,7	12,2	2,0	14
	7	40	0,5		51,2	43,6	1,3	0,56	0,1	0,1	0,15	1,0	1,9	0,07	0,55	56		24	2,75	2,37	12,7	13,9	0,6	14,5
	8	60	0,65		53,3	43,4	1,35	0,6	0,1	0,1	0,15	1,0	1,8	0,07	0,45	56		24	2,77	2,39	12,2	13,9	0,03	14,5
		305																						

Tab. 17 Untersuchungswerte der Steine aus der Hauptverschleißzone der Rast des Versuchshochofens

Steinqualität	Zone Nr.	Zonenlänge	Chemische Analyse (geglühte Substanz) Glühverlust	C	SiO_2 (Diff.)	Al_2O_3	TiO_2	Fe_2O_3	CaO	MgO	Na_2O	K_2O	H_2O-löslicher Anteil	Rückstand nach H_2O-Behandlung Na_2O	K_2O	Mineralaufbau Mullit	Sillimanit	Cristobalit	Dichte	Rohdichte	Offene Poren	Gesamtporen	H_2O-löslich (am Stück)	Gesamtporen, bezogen auf H_2O-löslich frei %
		mm	%	%	%	%	%	%	%	%	%	%	%	%	%	%	%	%	g/cm³	g/cm³	%	%	%	
S (1)	1	5	9,25	3,1	29,5	47,2	1,15	0,84	0,74	0,2	1,9	18,5	13,7	0,39	13,3	27	18	–						
	2a	15	4,75	0,95	29,5	50,5	2,0	1,3	0,75	0,25	2,02	13,7	10,5	0,42	9,4	43	19	–						
	2	40	4,0	1,34	27,9	52,6	1,8	0,96	1,4	0,12	2,0	13,2	14,0	0,45	5,55	48	20	–	2,88	2,46	7,6	14,9	5,3	19,5
	3	40	5,75	1,45	30,5	52,7	1,65	1,05	0,9	0,11	2,85	10,2	13,0	0,59	1,83	51	20	–	2,90	2,35	18,0	19,2	8,6	21,5
	4	15	2,25		37,9	52,0	2,3	2,45	0,7	0,23	0,94	3,5	4,7	0,55	1,0	53	22	–	3,06					
	5	15	0,45		38,5	54,9	2,07	2,15	0,75	0,24	0,4	1,05	1,6	0,33	0,82	55	22	–	3,09	2,36	22,6	23,8	1,0	24
		115																						
S (2)	1	5	5,55	0,6	28,4	53,4	1,3	2,05	0,33	0,1	0,9	11,5	8,4	0,34	9,7									
	2a	20	4,0	–	26,7	55,0	1,7	0,84	2,4	0,4	0,76	12,2	8,4	0,27	7,15									
	2[1]	30	2,95	0,7	29,9	56,2	1,9	0,9	0,34	0,1	0,89	9,8	8,3	0,38	6,3				3,00	2,55	13,2	15,1	2,7	18,5
	3	40	3,5	1,4	32,2	55,6	1,65	0,94	0,38	0,1	1,5	7,65	11,1	0,45	2,1				2,93	2,63	9,1	10,2	2,9	16
	4	40	4,45	0,9	33,1	55,6	1,8	1,1	0,5	0,1	1,67	6,15	10,4	0,24	1,26				2,95	2,55	13,7	13,8	2,4	18,5
	5	40	0,24		41,0	54,5	1,7	0,95	0,74	0,1	0,34	0,7	1,6	0,45	0,54				3,10	2,41	20,7	22,9	0,1	23,5
		160																						
D	1	5	3,8	5,2	37,9	29,2	0,95	4,5	5,0	1,3	1,7	19,5	9,0	0,5	16,4	7	–	2						
	2	20	1,6	0,5	48,3	38,7	1,02	0,84	0,1	0,3	1,75	9,05	11,4	0,93	7,6	41		12	2,72	2,47	7,0	9,3	0,7	11
	3	35	3,5	1,05	49,6	40,7	1,12	0,84	0,1	0,33	1,6	5,7	3,0	0,65	3,75	50		19	2,73	2,48	5,9	9,4	0,7	10
	4	40	0,65	0,4	52,8	40,8	0,94	0,8	0,1	0,33	0,95	3,25	2,8	0,1	0,92				2,74	2,42	10,2	11,7	1,75	13
		100																						

[1] Zone 2 schließt Zone 2a ein.

vermutlich in schmelzflüssiger Form in den Stein ein und erstarren an der dem Schmelzpunkt entsprechenden Temperaturfläche. Korrigiert man das linear aufgenommene Temperaturgefälle mit den Schmelzpunkten von KCN und NaCl und der Bildungstemperatur von Kalsilit (ca. 900° C) und Leucit (ca. 980° C) [16] entsprechend den röntgenographischen Befunden, so zeigt sich ein sehr flaches Temperaturgefälle in der heißen Zone der Steine (Abb. 32).
Die quantitative Bestimmung von Mullit, Cristobalit und Sillimanit in den Steinzonen wurde mit Hilfe des Zählrohr-Interferenz-Goniometers an ebenen gedrehten Pulverpräparaten mit Cu_K-Strahlung durchgeführt. Für die Trennung der Interferenzen von Sillimanit und Mullit wurde ein spezielles Aufnahmeverfahren angewandt [17]. Als Eichsubstanzen dienten die mit 10%iger Flußsäure und anschließend eine halbe Stunde in Salzsäure (1:1) gekochten, mit heißem Wasser gut ausgewaschenen, getrockneten Rückstände der kalten Seiten der Steine bzw. der Rückstand eines Sillimanit-Rohstoffes. Die gemessenen Werte wurden auf Grund der Massenschwächung der in den Zonen vorliegenden Alkaliverbindungen (Kalsilit, KCN, NaCl), deren Gehalte abgeschätzt wurden, korrigiert. In Abb. 34 sind die so ermittelten Gehalte an Mullit, Cristobalit und Sillimanit in den einzelnen Steinzonen der verschiedenen Qualitäten der jeweiligen Menge an vorhandenen Flußmitteln (Alkalien + Erdalkalien) gegenübergestellt, wobei zu beachten ist, daß einem höheren Flußmittelgehalt gleichzeitig eine höhere Temperatur der Steinzone entspricht und damit die Reaktionsfähigkeit erhöht wird. Nach Erreichen des Temperaturgebietes über 900° C, in dem sich Kalsilit und Leucit bilden, tritt eine stärkere Zersetzung des Mullits ein. Mit steigendem Fremdoxydgehalt ergibt sich eine zunehmend stärkere Abweichung von der theoretischen linearen Bezugslinie, die gelten würde, wenn keine Reaktion sondern nur eine Infiltration von Flußmitteln stattgefunden hätte. Die Ergebnisse stimmen gut überein mit den Untersuchungen an den gebrauchten Steinen aus Hochofen V (Abb. 12). Die Ergebnisse zeigen aber auch, daß die grobkristallinen Mullite in den verschiedenen hochwertigen Schamottesteinen und auch Mullit, der durch die Umwandlung des Sillimanits entsteht, gleiche Beständigkeit gegen den Angriff von Alkalien bei den im Hochofen herrschenden Mauerwerkstemperaturen haben.
Andererseits erkennt man in Abb. 34 sehr deutlich die sehr gute Beständigkeit des Minerals Sillimanit im Vergleich zum Mullit gegen den Alkaliangriff; Sillimanit wird erst bei höherem Alkaligehalt und höheren Temperaturen angegriffen, womit die beobachtete geringe Reaktionsfreudigkeit der mittleren Steinzonen des Sillimanitsteines seine Erklärung findet. Auffallend ist der plötzliche Abfall des Sillimanitgehaltes in der Reaktionszone, die neben Alkalien auch merkliche Mengen an CaO und MgO enthält; es ist bekannt, daß Sillimanit von hoch kalkhaltigen Schlacken stärker gelöst wird als Mullit [18].

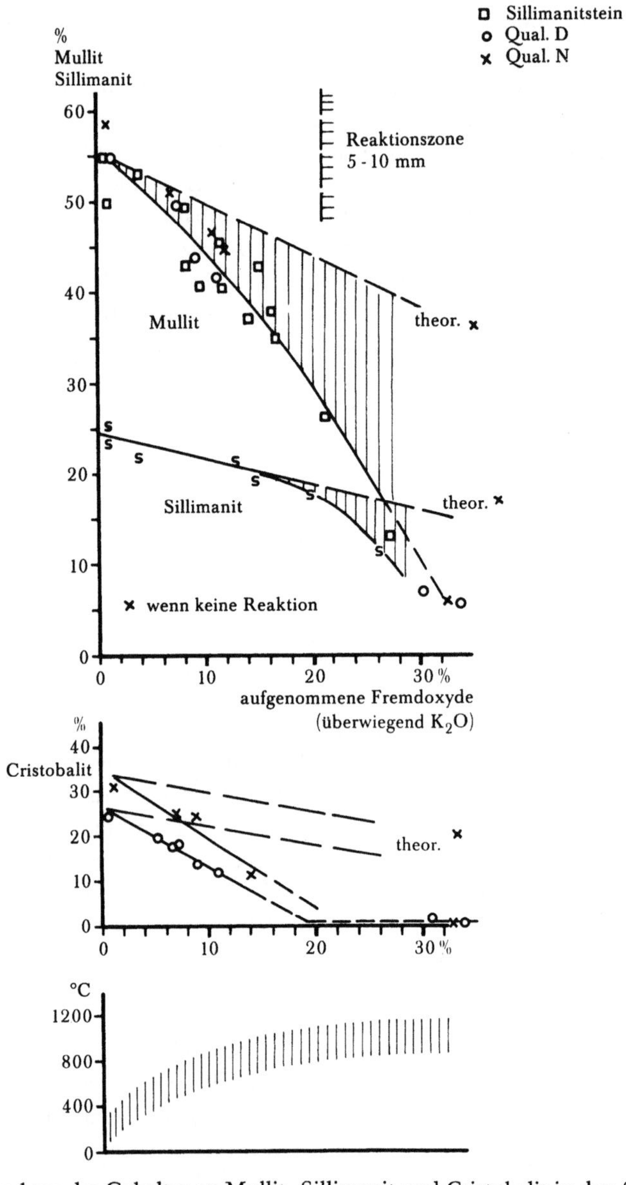

Abb. 34 Abnahme des Gehaltes an Mullit, Sillimanit und Cristobalit in den Steinzonen der verschiedenen Steinqualitäten aus dem Versuchshochofen in Abhängigkeit von der aufgenommenen Menge an Fremdoxyden

7.6 Keramisch-physikalische Untersuchungen

Die Steinzonen wurden 2 Stunden gekocht, der Anteil an gelöster Substanz bestimmt und die Porosität ermittelt. Wie bereits bei den Steinen aus dem Hochofen V beschrieben wurde, löst sich am Stück nur ein Teil des tatsächlich wasserlöslichen Anteils (bestimmt am Pulver) heraus. Es wurde daher einmal die Gesamtporosität des den wasserlöslichen Anteil enthaltenden Steinmaterials ermittelt, d. h. der Stein mit den löslichen Salzen und andererseits umgerechnet auf die Porosität des nicht wasserlöslichen Steingerüstes. Für die Umrechnungen wurde das Raumgewicht des wasserlöslichen Anteils wieder mit 1,8 g/cm³ angenommen, und die Werte wurden auf volle Prozent auf- bzw. abgerundet (Tab. 16 und 17).

Die Differenz zwischen Gesamtporosität und scheinbarer Porosität, d. h. der geschlossene Porenanteil liegt auch an der heißen Seite der Steine niedrig und meist bei ca. 3%, max. 5%. An den kalten Seiten erreichen die geschlossenen Poren nur max. 2,5%.

Im Gegensatz zu den Steinen aus dem Hochofen III und V tritt keine Erhöhung sondern eine deutliche Erniedrigung der Porosität zur heißen Seite hin auf; bei den stark verschlissenen Steinen läßt sich die Tendenz einer beginnenden Auflockerung (Blähen) der heißesten Zone erkennen. Dieses entgegengesetzte Verhalten der Steine ist zurückzuführen auf die unterschiedliche Betriebszeit und Beanspruchung der Steine. Zu bemerken ist, daß die Steine aus dem Versuchshochofen praktisch außer Alkaliverbindungen keine Schwermetalle bzw. Schwermetalloxyde aufgenommen haben, während z. B. die Steine aus Hochofen V z. T. deutliche Mengen an PbO enthielten. Der freie C-Gehalt liegt bei den Steinen aus beiden Hochöfen ungefähr gleich und unter 2%; er scheint damit bis zu diesen %-Gehalten keine Lockerung des Gefüges der Steine im Betrieb hervorzurufen.

Bei den Steinen ohne Verschleiß wurde die wahre DFB (oxidierende Atmosphäre) bzw. die Ausdehnung der heißen Seite (Zone 2) der Steine ermittelt und in Vergleich gesetzt zu den Werten im Anlieferungszustand (Abb. 35). Man erkennt deutlich die höhere thermische Ausdehnung der alkalidurchtränkten Zone, bedingt durch den gebildeten Kalsilit. Wie bei den Steinen aus dem Hochofen V tritt ab etwa 1000°C, bei dem Sillimanitstein bereits ab 800°C, ein Aufblähen der Steine selbst bei der Belastung von 2 kg/cm² auf. Das Ausmaß des Dehnens geht parallel dem wasserlöslichen Anteil; die Zone 2 der Qualitäten N und D haben etwa 2% wasserlösliches »K_2O«, während der Sillimanitstein auf Grund seiner hohen Aufnahme an Alkalien und der geringeren Reaktionsfreudigkeit etwa 5% lösliche Alkaliverbindungen in dieser Zone enthält. Das bei ca. 1000°C beginnende Aufblähen der Steinzonen ist auf die Reaktion der Alkalisalze mit dem Feuerfestmaterial und auf die Entwicklung von Gasen zurückzuführen.

Bei den Steinen D und N wird der Erweichungsbeginn durch die Alkaliaufnahme erhöht, während der $t_{0,5}$-Wert etwas absinkt. Beim Sillimanitstein wird der t_0- und $t_{0,5}$-Wert deutlich herabgesetzt (Tab. 18). In allen Fällen tritt das haltlose Erweichen bei Temperaturen von 1400 bis 1420°C ein.

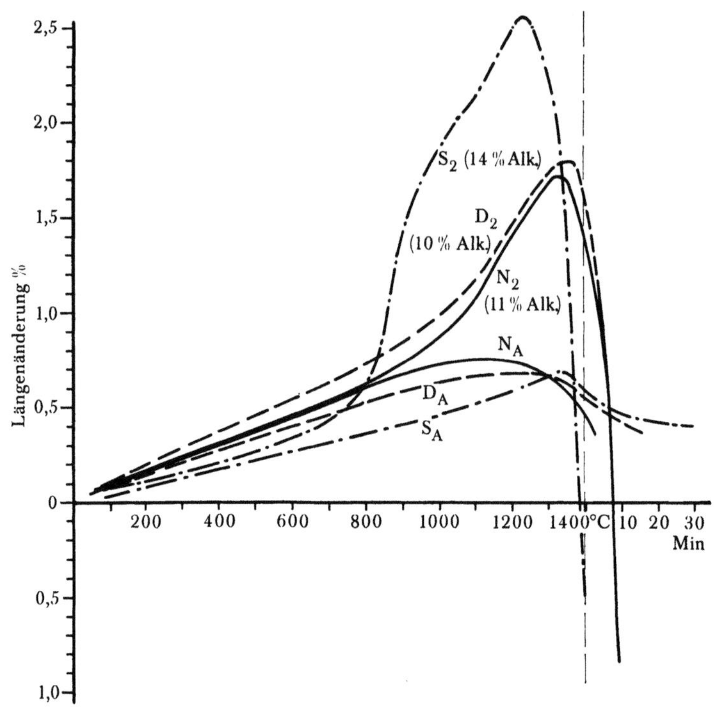

Abb. 35 Die wahren DFB-Kurven der Steinqualitäten im Anlieferungszustand (A) und der heißen Zone (2) der Steine ohne Verschleiß (oberer Teil der Rast) (4°C/min Aufheizgeschwindigkeit, 2 kg/cm² Belastung)

Tab. 18 Untersuchung der thermischen Ausdehnung und der wahren Druckfeuerbeständigkeit (DFB) der heißen Seite der Steine aus dem Versuchshochofen

Steinqualität		Alkaligehalt %	t_0	t_{05}	t_b
D	A	0,7	1255	1450	>1500
	h	9	1360	1420	1420
N	A	1,1	1200	1420	>1500
	h	12	1350	1410	1420
S	A	1,1	1260	1450	>1500
	h	14	1230	1315	1400

A = Anlieferung
h = Zone 2

7.7 Zusammenfassung

Bei den Steinen ohne Verschleiß konnte eindeutig der Einfluß der Porosität und auch Gasdurchlässigkeit der Steine im Anlieferungszustand auf die Aufnahme von Alkalien festgestellt werden, da alle Steine praktisch die gleiche Temperatur an der heißen Seite, gleiches Temperaturgefälle und gleiches Angebot an Alkalien hatten (gleicher Alkaligehalt der Reaktionszone). In der Hauptverschleißzone ergab sich die gleiche Abhängigkeit der Alkaliaufnahme von der Porosität der Steine im Anlieferungszustand, wobei die höhere Aufnahme einem stärkeren Verschleiß entsprach. Trotz hoher Alkaliaufnahme zeigten die Steine aus dem oberen Teil der Rast des Versuchshochofens weder Verschleiß noch Rißbildungen.

Ein Einfluß der chemischen Zusammensetzung und des Mineralaufbaus auf die Alkaliaufnahme konnte nicht beobachtet werden. Dagegen ist die Reaktionsfähigkeit des Feuerfestmaterials mit den Alkaliverbindungen beim Sillimanitstein geringer als bei den 42–44% Al_2O_3-Steinen, zurückzuführen auf die gute Beständigkeit des Minerals Sillimanit gegen Alkaliangriff. Andererseits enthalten Sillimanitsteine bei gleicher Alkaliaufnahme weniger Kristallneubildungen und höheren Anteil an Schmelzen als die Schamottesteine, was u. U. zu einem früheren Erweichen führt.

Die Alkaliverbindungen (Salze wie KCN, NaCl) wandern als Schmelze bis zur Temperaturfläche von ca. 600°C und erstarren dort; hinter dieser Zone ist nur noch eine geringe Erhöhung des Alkaligehaltes zu erkennen, die durch flüchtige Alkaliverbindungen hervorgerufen wird. Die Bildung von Kalsilit tritt etwa bei 900°C ein, was sich in einer Stufe im Gehalt an löslichem Alkali bemerkbar macht. Leucit bildet sich bei etwas höheren Temperaturen und nur in Steinen mit höherem SiO_2-Gehalt.

Die Porosität nimmt bei allen Steinqualitäten zur heißen Seite hin ab. Es wird vermutet, daß die nur geringfügige Aufnahme von Metall bzw. Metalloxyd wie PbO und ZnO und die kürzere Betriebszeit nicht zu der bei den Steinen aus dem Hochofen V beobachteten Erhöhung der Porosität des feuerfesten Steingerüstes gegenüber dem Anlieferungszustand führte. Eine Zermürbung des Gefüges durch C-Abscheidung konnte nicht gefunden werden.

Bei der 2. Versuchsreihe des Versuchshochofens wurden die Steinqualität D und eine neue Schamottesteinqualität mit der gleichen Porosität von 12 bis 14% eingebaut. Der Verschleiß ist nach viermonatigem Betrieb bei beiden Qualitäten der gleiche, somit eine Bestätigung des Einflusses der Porosität auf den Verschleiß. Andererseits entspricht das Verschleißprofil des Ofens dem der 1. Ofenreihe trotz höherer spez. Leistung (6 t/24 h gegenüber 4 t/24 h) und längerer Betriebszeit (4 Monate gegenüber 1 Monat). Es scheint, daß durch die Kühlung nach einem gewissen Verschleiß (Temperaturgefälle) der Abbrand zum Stillstand kommt bzw. gering wird und dann die Qualität des Steines von untergeordneter Bedeutung ist.

8. Betrachtungen zum Verschleißmechanismus des Hochofenmauerwerks

Der Verschleißmechanismus des feuerfesten Mauerwerks im Schacht und in der Rast des Hochofens ist derzeit noch nicht eindeutig geklärt, da die Betriebsbedingungen von Ofen zu Ofen recht unterschiedlich sein können. Bei gleicher Konstruktion und gleichem Betrieb ist allerdings ein ähnlicher Verschleiß des Mauerwerks zu erwarten [19].

Im oberen Teil des Schachtes ist es als sicher anzusehen, daß wegen der niedrigen Betriebstemperatur von 300 bis 700°C der Verschleiß hauptsächlich durch mechanische Einwirkung des Möllers, d. h. durch Abrieb- und Schlagbeanspruchung bedingt wird. Manchmal wird auch auf den Einfluß des Alkalibursting hingewiesen [15].

Im mittleren Teil des Schachtes schwanken die Temperaturen zwischen etwa 750 und 900°C, und im unteren Teil zwischen 900–1400°C. Der Möller liegt in plastischem und flüssigem Zustand vor. In der Rast und im Gestell liegen die Mauerwerkstemperaturen üblicherweise um 1200°C, die Ofentemperaturen können aber 1450–1550°C erreichen. Über den Windformen werden sogar noch höhere Temperaturen angegeben [20]. Neben dem zähflüssigen Möller tritt auch Schlacke an das Feuerfest-Material heran.

Betrachtet man die möglichen Verschleißursachen des Hochofenmauerwerks, so kann man grob gesehen drei Gruppen unterscheiden:

1. Kontinuierlicher Verschleiß durch chemischen Angriff; Auflösung und Zersetzung des feuerfesten Mauerwerks durch Alkalien, ZnO und andere Schwermetalloxyde, Schlacke usw.

2. Diskontinuierlicher Verschleiß durch Abschälen und Abplatzen, bedingt durch die Gefügeänderungen im Betrieb, hervorgerufen durch Kristallneubildungen (z. B. Kalsilit), CO-Angriff, Änderung der thermischen Ausdehnung u. a.

3. Diskontinuierlicher Verschleiß durch Rißbildungen und Abfallen von gesundem Steinmaterial durch thermische Spannungen, bedingt durch Temperaturschwankungen (z. B. auch durch Aufbau und Abfallen sich bildender Ansätze) oder durch ein zu steiles (quasistationäres) Temperaturgefälle.

Es sollte versucht werden, die verschiedenen Möglichkeiten des Verschleißes anhand der Literatur [1, 20–30] und der vorliegenden Untersuchungsergebnisse zu überprüfen und wenn möglich die Hauptverschleißursache zu erarbeiten.

8.1 Chemischer Verschleiß

Der rein chemische Angriff führt zu keiner Rißbildung im Stein, was bei den von uns untersuchten Steinproben meistens der Fall war.
Die Zusammensetzung der einzelnen Zonen der gebrauchten Hochofensteine, die wenig an PbO, ZnO u. a. aufgenommen haben, verschieben sich im Dreistoffdiagramm K_2O—Al_2O_3—SiO_2 entlang der Verbindungslinie K_2O-feuerfester Stein (Abb. 36). Der Verschlackungsweg des Sillimanitsteines ist allerdings etwas anders, wie auch bei der Verschlackung dieses Steintyps durch Glasschmelzen zu beobachten war [31]. Die äußerste Reaktionszone liegt im Zustandsbereich des Kalsilits.
Die gute DFB der hinter der Reaktionszone liegenden alkalihaltigen heißen Zone der Steine weist darauf hin, daß sie bei den üblichen im Hochofen herrschenden Temperaturen kein Abschmelzen zeigt, bei höheren Betriebstemperaturen und bei Steinen, die viel Alkalien aufnehmen, allerdings Abschmelzungen auftreten können. Es scheint also, daß der Verschleiß hauptsächlich über die äußerste schmale Reaktionszone vor sich geht. Diese Zone ist um so stärker, je mehr der

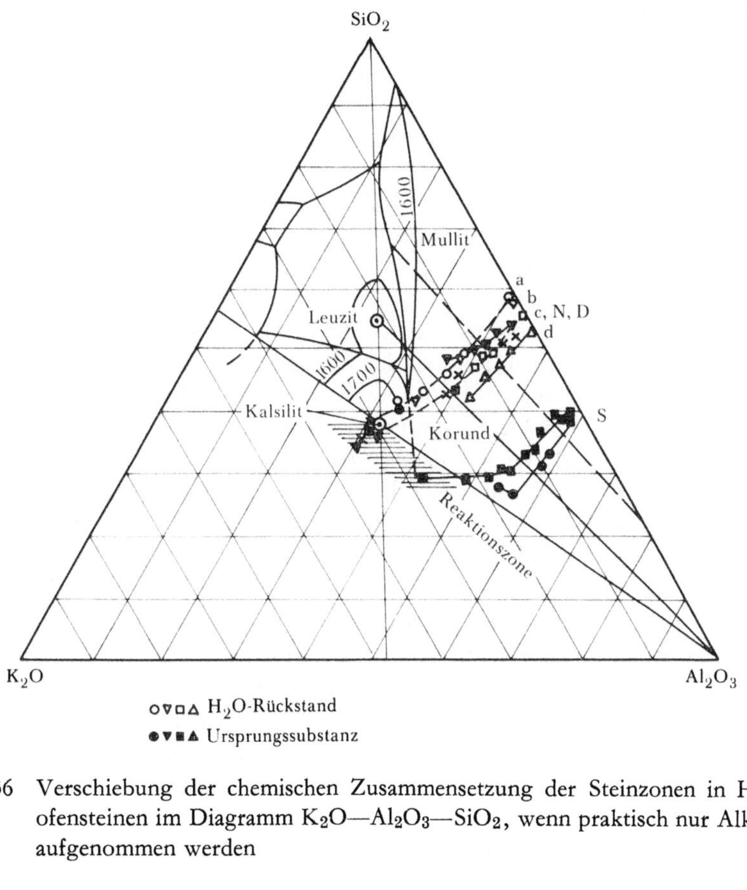

Abb. 36 Verschiebung der chemischen Zusammensetzung der Steinzonen in Hochofensteinen im Diagramm K_2O—Al_2O_3—SiO_2, wenn praktisch nur Alkalien aufgenommen werden

Stein verschleißt. Die Reaktionszone zeigt meistens einen lockeren schichtartigen Aufbau; sie enthält neben Steinresten (Mullit, Sillimanit) und hohen Mengen an Kalsilit zusätzlich deutliche Anteile an Kohlenstoff, CaO, MgO und auch Eisenoxyd. Sie unterscheidet sich also hinsichtlich chemischer Zusammensetzung, Festigkeit und thermischer Ausdehnung wesentlich von dem anschließenden, wenn auch stark von Alkalien infiltrierten Steinmaterial. Eine dichte glasige Reaktionszone bildet sich nach der Literatur [2, 11] nur bei sauren Schamottehochofensteinen im oberen Teil des Schachtes aus; sie enthält keinen Kohlenstoff.

Der Erweichungsbeginn der üblichen Reaktionszone liegt nach unseren Untersuchungen bei höheren Temperaturen als der der anschließenden infiltrierten Steinzone. Die Versuche wurden an Pulvern der Reaktionszone und der heißesten Zone der Steine aus dem Versuchshochofen im Erhitzungsmikroskop durchgeführt. Ab 1300°C setzte sowohl bei der Reaktionszone als auch bei der infiltrierten Steinzone ein Schwinden ein; während jedoch die Steinzone ab 1400°C ein Abrunden der Ecken des Prüfkörpers erkennen ließ, war bei der Reaktionszone bis zum Ende des Versuchs bis 1450°C nur ein zunehmendes Schwinden zu beobachten. In der Literatur werden z. T. niedrigere Erweichungsbeginne der Grenzzone Ansatz-Mauerwerk angegeben [32]. Nach unserem Befund an den untersuchten Steinen aus verschiedenen Hochöfen wird also die Reaktionszone auf Grund ihres lockeren Aufbaus durch den Möller abgerieben.

Der Übergang von der Reaktionszone zum mit Alkalien durchtränkten Steinteil ist als diskontinuierlich zu bezeichnen, während der Übergang bei Vorhandensein eines Ansatzes in den Ansatz hinein kontinuierlich verläuft, d. h., Tonerde und Kieselsäure nehmen kontinuierlich in den Ansatz hinein ab [33]. Dieser Aufbau erinnert an die Zonenausbildung bei der Reaktion von Schamottesteinen mit der Glasschmelze [31].

Die Aufnahme von Alkalien und damit auch die Dicke der Reaktionszone wird primär durch die Gesamtporosität bestimmt (Abb. 37). Betriebsversuche mit schmelzgegossenen Steinen zeigten, daß diese praktisch porenfreien Erzeugnisse keine Alkalien aufnehmen [8], entsprechend tritt der Einfluß der chemischen Zusammensetzung und auch des Mineralaufbaus auf die Aufnahme an Alkalien zurück. Porosität und Gasdurchlässigkeit stehen in einem statistischen Zusammenhang [34, 35], so daß auch zwischen der Alkaliaufnahme und der Gasdurchlässigkeit im Anlieferungszustand eine Beziehung festgestellt werden kann (Abb. 37). Allerdings scheint eine geringe innere Oberfläche der Poren der wichtigste Faktor bei der Verschlackung zu sein [36]. Über die Bestimmungsverfahren und Untersuchungen zur spezifischen inneren Oberfläche verschiedener feuerfester Steine wird an anderer Stelle berichtet werden. Nach diesen Ergebnissen ist bezüglich der Alkaliinfiltration die Forderung nach möglichst niedriger Porosität gerechtfertigt. Die geschlossenen Poren betrugen bei den untersuchten Steinqualitäten maximal bis 3%, meist 1–2%, so daß es gleichgültig ist, ob man bei der Beurteilung der Alkaliaufnahme jeweils die offenen Poren oder die Gesamtporosität heranzieht. Porosität und Gasdurchlässigkeit können sich je nach Steinqualität im Betrieb z. T. erheblich verändern, z. B. durch Vergröberung

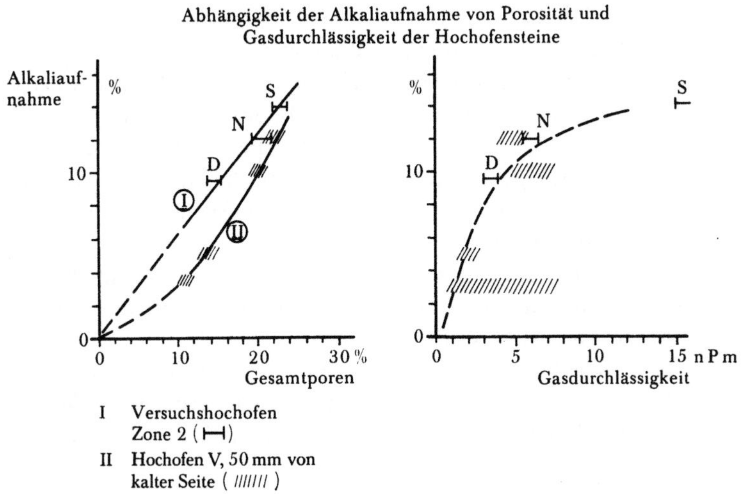

Abb. 37 Beziehung zwischen Alkaliaufnahme im Betrieb und Gesamtporosität sowie Gasdurchlässigkeit der Steine im Anlieferungszustand

der Poren, Verdichten der kalten Seite der Steine oder Bläherscheinungen bei höheren Temperaturen und damit die Aufnahme an Alkalien bzw. alkalihaltigen Schmelzen oder Dämpfen verändern.

8.2 CO-Angriff, Kristallneubildungen

Im folgenden sollen die Ursachen bzw. die Möglichkeiten des mechanischen Verschleißes durch Rißbildung, Abschälen und Abplatzen, bedingt durch C-Abscheidungen, Kristallneubildungen und Gefügeänderungen untersucht werden. Nach den vorliegenden Untersuchungsergebnissen und den neueren Ergebnissen aus der Literatur kann man entnehmen, daß das Problem der Zerstörung durch CO-Angriff nicht mehr die Bedeutung hat wie früher [3, 4]. Die Steine sind eisenärmer geworden, höher gebrannt und weniger porös.

Als nächstes sei die Ansicht überprüft, daß durch die Aufnahme von Alkaliverbindungen und deren Reaktion mit dem Feuerfest-Material durch die sich bildenden kristallinen Alkalitonerdesilikate eine starke Volumenvergrößerung eintritt und den Stein durch Abplatzen zerstört. Die Bildung von Kalsilit und Leuzit beginnt bei Temperaturen über 700° C. Die Reaktionsfähigkeit des Feuerfestmaterials mit den eindringenden Alkaliverbindungen ist unterschiedlich; sie wird geringer mit steigender Brenntemperatur der Steine [2, 29]; sie ist bei sillimanithaltigen Steinen geringer als bei hochwertigen Schamottesteinen. Die von uns durchgeführten Untersuchungen ließen keine Zerstörungen des Feuerfestmaterials durch Alkalibursting erkennen, was auch in verschiedenen Veröffentlichungen [15, 21] ebenfalls zum Ausdruck kommt. Die Untersuchungen am ausgebrochenen Steinmaterial eines amerikanischen Hochofens zeigten sehr

deutlich, daß Rißbildungen auch dort auftreten, wo keine Alkalien aufgenommen wurden und daß die zu beobachtenden Risse in der alkalihaltigen Zone praktisch verheilt sind [21]. Andererseits werden bei Steinen mit merklicher Alkaliaufnahme und niedrigen Betriebstemperaturen, wie z. B. im oberen Teil des Schachtes, Abplatzungen beobachtet. Bei den höheren Temperaturen im Hochofen reagiert nicht die gesamte Menge an aufgenommenem Alkali ab, so daß genügend Schmelze im Stein vorhanden ist, um einen Teil der Spannungen bei den Kristallneubildungen aufzunehmen.
Die Zerstörung durch Zink bzw. -verbindungen scheint ebenfalls unsicher zu sein. In den meisten Fällen läßt sich die Zerstörung der Steine nicht primär auf Zink oder Zinkoxyd zurückzuführen.
Zusammenfassend läßt sich also sagen, daß die Aufnahme von Alkalien und geringen Mengen von Zinkoxyd und anderen Schwermetalloxyden nicht eine der Hauptverschleißursachen des feuerfesten Mauerwerks im Hochofen sein können.

8.3 Wärmespannungen

Neue Gesichtspunkte zum Verschleiß des Hochofenmauerwerks wurden von russischer Seite veröffentlicht [4, 5]. Nach den Untersuchungen konnte geschlossen werden, daß eine Rißbildung im Mauerwerk auf rein thermische Spannungen zurückzuführen ist und daß sich erst in diesen Rissen Zinkoxyd und andere Oxyde ablagern und evtl. zu einer gewissen Aufweitung der Textur des Steines führen.
Damit wäre auch eine Erklärung für die Rißbildung in den Steinzonen von gebrauchten Hochofensteinen gegeben, die praktisch keine Alkalien aufgenommen haben. Diese Erscheinung konnte auch bei sehr dichten Kaolinsteinen in englischen Hochöfen beobachtet werden. Die Untersuchung der abgefallenen Stücke zeigte auch hier keine Veränderung des Steinmaterials [37]. Ebenfalls wird berichtet, daß an Kühlkästen zerplatzte Steine gefunden wurden, ohne daß chemische Veränderungen der Steinstücke aufgetreten waren.
Die Möglichkeit einer Rißbildung in Steinen durch thermische Spannungen werden theoretisch von Y. Letort [38] abgeleitet und durch Laborversuche zur kritischen Aufheizgeschwindigkeit von Hochofensteinen bestätigt [2]. Die thermischen Spannungen, die Lage und Form der Risse im Stein werden durch verschiedene Faktoren beeinflußt wie Temperaturschwankungen, Temperaturgefälle, Druckbelastung, Steinformat sowie Ausdehnung und Ausdehnungsmöglichkeit, Wärmeleitfähigkeit und elastische Eigenschaften des Steines [39–43]. Das kritische Gebiet liegt etwa zwischen 600 und 900° C, in dem der Stein noch starr ist; aber auch bei 1000–1200° C, wo bei den meisten Steinen schon der Beginn des Fließens erreicht ist, sind schon verhältnismäßig niedrige Temperaturschwankungen gefährlich. Bei Erreichen einer stärkeren Erweichung werden die Spannungen vom Steingefüge aufgenommen. Die entstehenden Risse verlaufen parallel der Stirnfläche der Steine, wie es auch bei den Laborversuchen und in

den gebrauchten Hochofensteinen beobachtet wurde. Zu bemerken ist, daß z. T. auch normale weniger dichte Hochofensteinqualitäten ebenso rißempfindlich sind wie die dichten hochwertigen Schamottesteine, wobei allerdings bei den dichten Steinen immer glatte durchlaufende Risse auftreten [2].
Die bei unseren Versuchen beobachteten starken Verschleißerscheinungen einer hochwertigen, dichten Schamottehochofensteinqualität läßt sich ohne Schwierigkeit auf das Abplatzen durch rein thermische Beanspruchung zurückführen. Dieser Stein hat einen sehr hohen E-Modul, eine niedrige Porosität und eine ausgezeichnete Druckfeuerbeständigkeit, d. h. ein sehr starres Gefüge auch bei hohen Temperaturen trotz der Aufnahme von Alkalien aus der Ofenatmosphäre. Da die Rißanfälligkeit eines Steines erhöht wird durch eine geringere Ausdehnungsmöglichkeit und die dadurch entstehenden höheren Druckbelastungen im Mauerwerk, ist bei engen Fugen eher die Gefahr eines vorzeitigen Verschleißes durch Abplatzen von gesundem Steinmaterial gegeben, was für den Gesamtverschleiß ausschlaggebender sein kann als ein möglicherweise erhöhter chemischer Angriff über eine überdimensionierte Fuge. Weiterhin sind große Steinblöcke empfindlicher gegen Temperaturspannungen und Temperaturwechsel als kleinformatige Steine. Vom Gesichtspunkt des Verschleißes durch thermische Spannungen wäre der kleinformatige Stein und eine eher etwas zu starke Fuge vorzuziehen.

8.4 Verschleiß des Hochofenmauerwerks in Abhängigkeit von der Betriebszeit

Nach den Messungen an verschiedenen Hochöfen mit Hilfe radioaktiver Isotope und mit Fühlstäben [19, 44–49] steht eindeutig fest, daß in den ersten Betriebsmonaten des Hochofens der Verschleiß am stärksten ist und nach etwa einem Jahr eine wesentlich geringe Verschleißgeschwindigkeit z. T. sogar ein Stillstand zu beobachten ist. Bei näherer Betrachtung der Art des Verschleißfortschrittes gewinnt man Hinweise auf die Ursachen des Verschleißes. So konnte beobachtet werden, daß am Anfang der Ofenreise überwiegend eine stufenförmige Abnahme der Dicke des Mauerwerks eintritt, während später, ab etwa 7–8 Monaten nach dem Anblasen, zunehmend ein allmähliches Zurückgehen des Mauerwerks zu erkennen ist (Abb. 38). Dieser stufenförmige Verschleiß und der zwischen den einzelnen Stufen auftretende geringe gleichmäßig verlaufende Abbrand der Steine läßt vermuten, daß ein Abplatzen des Steinmaterials bedingt durch thermische Spannungen für den raschen Verschleiß verantwortlich ist. In den späteren Betriebsmonaten weist der kontinuierliche Verlauf des Verschleißes auf den langsamen Abrieb der sich zwischen Steinmaterial und Möller bildenden bröckeligen Reaktionszone hin.
In den ersten Betriebsmonaten des Ofens wird das Mauerwerk auf seiner Innenseite hoch thermisch beansprucht, da wegen der Dicke der Auskleidung die Wirkung der Kühlkästen im heißeren Teil der Steine gering bleibt. Der für die Rißbildung kritische Temperaturbereich liegt somit im mittleren Teil der Steine,

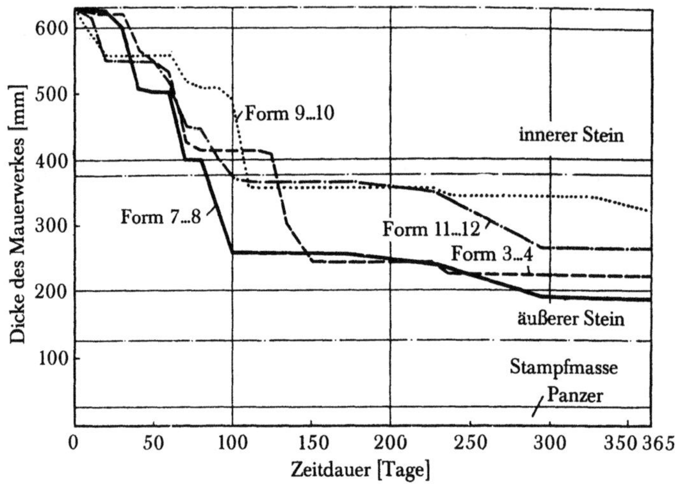

Abb. 38 Beispiel für die Art des Verschleißfortschrittes im Hochofenmauerwerk in Abhängigkeit von der Betriebszeit nach J. Holzey [46]

so daß große Steinteile abplatzen; mit zunehmendem Verschleiß des Mauerwerks rückt die rißempfindliche Zone immer näher der Arbeitsfläche der Steine, d. h. die abplatzenden Schichten werden zunehmend dünner; zusätzlich ergibt sich durch die mit der Betriebszeit zunehmende Tränkung des Steinmaterials mit Alkalien ein Steingefüge, das die thermischen Spannungen besser aufnehmen kann. Aus diesem Grunde lassen sich auch bei stark verschlissenen Steinen meist keine Risse mehr beobachten, die auf Wärmespannungen zurückzuführen sind. Zu Beginn der Ofenreise sind auch die möglichen Temperaturschwankungen im Mauerwerk größer als bei verschlissenen Steinen, die im Wirkungsbereich des Kühlkastens stehen. Auch wurde beobachtet, daß sich in den ersten Betriebsmonaten ein Maximum der Temperatur der heißen Seite der Steine einstellt [50].

Die Verfolgung der Temperaturschwankungen in Steinen der Rast im Versuchsofen, gemessen etwa 10 cm von der kalten Seite, ergab eine wellenförmige Temperaturkurve. Die einzelnen Maxima bzw. Minima wiederholten sich fast in gleichen Abständen. Es können also z. T. erhebliche Temperaturschwankungen im feuerfesten Mauerwerk auftreten. Andererseits ergibt sich hier eine weitere Möglichkeit des Verschleißes der Hochofensteine. Diese wellenförmige Temperaturkurve läßt sich auf periodische Ansatzbildung mit anschließendem Abfallen des Ansatzes zurückführen, wobei anzunehmen ist, daß dabei auch Teile des gesunden Steinmaterials mit abgerissen werden.

8.5 Schlußfolgerungen

In den ersten Betriebsmonaten des Hochofens ist der üblicherweise zu beobachtende Verschleiß des Schachtmauerwerks fast ausschließlich zurückzuführen auf das Abplatzen der Steine durch Wärmespannungen, während beim anschließenden Betrieb zunehmend der rein chemische Verschleiß überwiegend wird und dadurch die Verschleißgeschwindigkeit deutlich niedriger liegt. Ein Endzustand wird erreicht, wenn durch die Wirkung der Kühlkästen und durch die Bildung von Schutzschichten es zum Stillstand des Verschleißes kommt.

Die dichten hochwertigen Steine sind anfällig gegen ein zu steiles Temperaturgefälle und ungleichmäßigen Gang des Ofens, zeigen dagegen aber ausgezeichnete Beständigkeit gegen den chemischen Angriff, bestätigt durch die guten Ergebnisse mit dichten Steinen im Schacht englischer Hochöfen, die eine geringe Kühlung haben und mit 100% Pellets beschickt werden [37].

Die normalen porösen Hochofensteine sind günstiger in ihrem Rißverhalten, werden allerdings stärker chemisch verschlissen.

Das Ausmaß des chemischen Angriffs auf das Hochofenmauerwerk wird neben der Porosität der Steine auch von den jeweiligen Bedingungen an der Einbaustelle wie Temperatur, Angebot an Alkalien und anderen Fremdoxiden, z. B. auch Schlacke im unteren Teil des Schachtes, bestimmt.

9. Zusammenhänge zwischen Verschleißvorgang und den Prüfwerten der Schamotte-Hochofensteine

a) Beim chemischen Verschleiß wirken sich günstig aus: eine niedrigere (Gesamt) Porosität, die die Fremdoxydaufnahme bestimmt und ein hoher Brand (geringere Reaktionsgeschwindigkeit mit Alkaliverbindungen), der auch zu geringerer innerer Oberfläche führt. Da die Gasdurchlässigkeit hochwertiger Qualitäten mit höherer Brenntemperatur zumeist ansteigt, ist sie kein verläßliches Gütemaß.

b) Die chemische Analyse wirkt sich anscheinend nur indirekt aus: Schamottesteinqualitäten mit niedrigerem Al_2O_3-Gehalt (z. B. 37% Al_2O_3) und höherem Flußmittelgehalt sind über lange Zeiträume bei höherer Betriebsbeanspruchung nicht genügend volumstabil; sie zeigen im Temperaturbereich von 700° C nach Jahren ein deutliches Nachschwinden.
Bei hochwertigen hochgebrannten Steinen besteht kein oder nur ein geringer Einfluß des Alkaligehaltes innerhalb der Grenze bis etwa 2,3%. Bei den eingebauten Hochofensteinen konnten keine Zerstörungen durch C-Ablagerungen beobachtet werden, obwohl C-Gehalte bis zu etwa 1,5% gefunden wurden und Steine mit bis zu 2% Fe_2O_3 eingebaut waren.
Der CO-Prüfung kommt bei dem nunmehr erreichten Stand der Fabrikation der Steine demnach nur mehr eine untergeordnete Bedeutung zu.

c) Die bisherigen Untersuchungen haben ergeben, daß primär die Steine nicht auf ein Erweichen unter Last beansprucht werden, doch ist die DFB oder der Fließversuch ein indirektes Maß für einen genügend hohen Brand und einen niedrigen Flußmittelgehalt. Die DFB ist nur ein sekundäres Merkmal für die Beurteilung gleichartiger Schamotteklassen auf ihre voraussichtliche Raumbeständigkeit.

d) Risse können auch im gesunden Steinteil durch Temperaturwellen und einen zu steilen Temperaturgradienten (starke Kühlung) auftreten, wenn das Gefüge der Hochofensteine zu starr ist. Ein etwas ungünstigeres Erweichungsverhalten, insbesondere nach Tränken mit Alkaliverbindungen und ein mittlerer E-Modul sind daher nicht als ungünstiges Qualitätsmerkmal anzusehen unter Berücksichtigung der Betriebsbedingungen und des Ausmaßes der Kühlung.

e) Die KDF bzw. der (Kalt)Abrieb geben einen Hinweis auf das Verhalten im oberen Teil des Schachtes. Diese Werte sind ansonsten ein ungefährer Hinweis für eine gesunde Textur des Steines (schwachgebrannte Steine haben niedrige, verglaste Steine sehr hohe Festigkeitswerte).

f) Damit entspricht anscheinend ein gut gebrannter Stein mit geringem Flußmittelgehalt und einer Gesamtporosität von etwa 16 bis 17% den in kontinentaleuropäischen Hochöfen auftretenden Belastungen am besten.

Für die freundliche Unterstützung bei der Beschaffung des Versuchsmaterials und für Aussprachen möchten wir Herrn Dir. BRANDL, Duisburger Kupferhütte, Duisburg, Herrn Dir. SEND, Mannesmann-Werke Huckingen, Herrn Dr. KEGEL, Verein Deutscher Eisenhüttenleute, Düsseldorf und Herrn BALON und Mitarbeitern, Association Internationale pour les Recherches de Base an Haut-Fourneau d'Ougrée (AIRBO), Lüttich, an dieser Stelle unseren Dank aussprechen.

Literaturverzeichnis

[1] Richardson, H. M., und G. R. Rigby, Zusammenfassung der Ergebnisse der Untersuchungen am Mauerwerk ausgeblasener Hochöfen. Iron Steel Inst., Spec. Report Nr. 51 (1954), 35 S.

[2] Richardson, H. M., Die Auswahl feuerfester Materialien zur Auskleidung von Hochöfen. Abh. VII Intern. Keram. Kongreß, London 1960 S. 135–140.

[3] Carton, J., Feuerfeste Steine für den Hochofen. Rev. Techn. Luxembourg, 57 (1965), 1, S. 28–32.

[4] Goroch, A. V., und I. M. Galemin, Über Rußkohlenstoff in der feuerfesten Ausmauerung von Hochöfen. Ogneupory 29 (1964), 9, S. 394–399.

[5] Goroch, A. V., I. M. Galemin und G. A. Komlev, Zink im Hochofen und sein Einfluß auf das Schachtmauerwerk. Stahl in Deutsch (1964), 11, S. 990–995.

[6] Mackenzie, J., Die Verwendung tonerdereicher Erzeugnisse bei der Roheisenherstellung. Trans. Brit. Ceram. Soc. 61 (1962), S. 795–807.

[7] Workman, G. M., Wo sind die Schamottesteine geblieben? Refr. J. (1965), 6, S. 196–207.

[8] Persönliche Mitteilung von Herrn J. Kiehl, Société Général des Produits Réfractaires, Paris.

[9] Kahlhöfer, G., E. Overkott, K. Konopicky und I. Patzak, Untersuchungen am Schachtmauerwerk von ausgebrochenen Hochöfen. Stahl und Eisen 85 (1965), 4, S. 189–197.

[10] Davis, W. R., R. J. Slawson und G. R. Rigby, CO-Angriff auf Schamottesteine: Morphologie des abgeschiedenen Kohlenstoffs. Trans. Brit. Ceram. Soc. 56 (1957), S. 67–85.

[11] Nemetschek, T., Zur Morphologie von Kohlenstoffasern. Archiv. Eisenhüttenw. 30 (1959), S. 519–522.

[12] Konopicky, K., Die statistische Auswertung der Kaltdruckfestigkeit und der Gasdurchlässigkeit feuerfester Erzeugnisse. Ber. Dtsch. Keram. Ges. 41 (1964), 9, S. 487–489.

[13] Konopicky, K., Untersuchungen zur Prüfung auf Druckfeuerbeständigkeit (DFB). Ber. Dtsch. Keram. Ges. 41 (1964), 1, S. 27–37.

[14] Serwatzky, G., Die Präparation von Mullit für die elektronenoptische Untersuchungen von keramischen Rohstoffen und Scherben. Sprechsaal 95 (1962), 10, S. 279–285.

[15] McCune, S. E., T. P. Greaney, W. C. Allen und R. B. Snow, Reaktion zwischen K_2O und feuerfesten Baustoffen auf Basis Al_2O_3—SiO_2 für die Auskleidung von Hochöfen. J. Amer. Ceram. Soc. 40 (1957), S. 187–195.

[16] Schairer, J. F., und N. L. Bowen, Das System K_2O—Al_2O_3—SiO_2. Amer. J. of Science 253 (1955), S. 681–746.

[17] Konopicky, K., und I. Patzak, Untersuchungen über den Aufbau und die Umwandlung der verschiedenen Minerale der Sillimanitgruppe. Forschungsbericht des Landes Nordrhein-Westfalen Nr. 1597 (1966).

[18] Overkott, E., M. Freygang, K. Konopicky und G. Routschka, Hochtonerdehaltige Steine beim Einbau in Torpedopfannen. Ber. Dtsch. Keram. Ges. 42 (1965), 5, S. 197–207.

[19] Walton, G. A., Hochofenauskleidung – ihre Verschleißgeschwindigkeit. Blast Furnace and Steel Plant (1964), S. 400–423.

[20] Karjakin, L. I., Vorgänge der Mineralbildung in Hochöfen und deren Einfluß auf den Verschleiß des Futters. Ogneupory 29 (1964), 5, S. 209–213.

[21] Vlack van, L. H., Chemische und mineralogische Änderungen der Feuerfestmaterialien im Schacht und Herd eines Hochofens. J. Amer. Ceram. Soc. 31 (1948), S. 220–235.

[22] Kahlhöfer, H., und A. Send, Zusammenhang zwischen Ofenbauart und Verschleiß der feuerfesten Auskleidung im Hochofen. Stahl und Eisen 74 (1954), 26, S. 1697–1713.

[23] Kahlhöfer, H., A. Send und W. Himsel, Zerstörungserscheinungen an der feuerfesten Zustellung eines ausgeblasenen Hochofens. Stahl und Eisen 74 (1954), 26, S. 1714–1723.

[24] Margulis, O. M., und E. A. Ginjar, Der Verschleiß feuerfester Steine in verschiedenen Hochofenzonen. Ogneupory 22 (1957), 12, S. 549–556.

[25] Halm, L., Rationeller Bau der Hochofenauskleidung. Rev. Métallurgié (1961), S. 109–129.

[26] Köhler, E. K., Die Zerstörung feuerfester Stoffe durch Kohlenstoffablagerung. Stahl und Eisen 81 (1961), 19, S. 1297–1301.

[27] Schoendoerffer, J., Die Entwicklung der Probleme der feuerfesten Erzeugnisse für Hochöfen seit 1959. Bull. Soc. Franc. Ceram. (1962), 57, S. 51–66.

[28] Halm, L., Feuerfeste Baustoffe für den modernen Hochofen. Vortrag auf dem Seminar der CESSID, Juni 1963.

[29] Lécrivain, L., und A. Maretheu, Beitrag zur Untersuchung der Zerstörung feuerfesten Hochofenmaterials. Abh. IX. Intern. Keram. Kongreß, Brüssel 1964, S. 377–393.

[30] Kiehl, J. P., und P. Lakodey, Der Einfluß einiger flüchtigen Substanzen im Hochofen auf das Zersetzen des Feuerfestmaterials durch Kohlenstoffabscheidung. Science of ceramics 2, Acad. Press (1965), S. 281–293.

[31] Konopicky, K., Über die Zonenbildung bei der Reaktion von Glas mit feuerfesten Steinen, vorzugsweise Schamotte-Wannensteinen. Glastechn. Ber. 36 (1963), 2, S. 37–51.

[32] Willems, J., G. Heynert, G. quade und W. Zischkale, Untersuchungen über Ansätze im Hochofen und ihre Beseitigung durch Sprengen. Stahl und Eisen 84 (1964), 2, S. 57–62.

[33] Diemens, H., S. Henkel, E. Naumann und H. Schenk, Untersuchung der Ansatzbildung im Hochofenschacht. Stahl und Eisen 85 (1965), 20, S. 1240–1247.

[34] Konopicky, K., Statistische Zusammenhänge zwischen den Werten für Kaltdruckfestigkeit – Porosität – Gasdurchlässigkeit bei feuerfesten Erzeugnissen. Ber. Dtsch. Keram. Ges. 37 (1960), 1, S. 6–11.

[35] Rigby, G. R., und R. J. Brunet, Oberfläche feuerfester Steine. Abh. IX. Intern. Keram. Kongreß, Brüssel 1964, S. 307–314.

[36] Lakin, J. R., und J. B. Haglington, Untersuchungen an feuerfesten Tonerdesilikaterzeugnissen. Ber. Dtsch. Keram. Gesell. 43 (1966), 1, S. 50–53.

[37] Aldred, J. H., und H. W. Hinchliffe, Feuerfeste Baustoffe für den Hochofen. J. Iron Steel Inst. 199 (1961), S. 241–247.

[38] Letort, Y., Die mechanische Festigkeit feuerfester Erzeugnisse bei hohen Temperaturen. Bull. Soc. Franc. Ceram. (1964), 65, S. 13–34.

[39] Baab, K. A., Temperaturwechselprüfung an Hochofensteinen. Amer. Ceram. Soc. Bull 36 (1957), S. 14–17.

[40] Clements, J. F., Temperaturwechselbeanspruchung von Ofenauskleidungen, aus: The A. T. Green Book, Hg. Brit. Ceram. Research Assoc. 1959, S. 18–29.

[41] Delrieux, J., und D. Rocco, Gedanken über die thermischen Bruchursachen von feuerfesten Stoffen unter Betriebsbedingungen. Silic. ind. 28 (1963), 2, S. 59–70.

[42] Ueda, M., Ultraschallprüfung von Feuerfesterzeugnissen. Refr. J. 39 (1963), 12, S. 492–501.

[43] Rasch, R., Beitrag zur Bedeutung von Elastizitätsmodul, Druckfestigkeit, Ausdehnung und Wärmespeichervermögen feuerfester Baustoffe im Feuerungs- und Ofenbau. Glas-Email-Keramo-Technik 17 (1966) 9, 329–335

[44] Schepers, A., und F. R. Licht, Verschleißmessungen mit radioaktiven Isotopen an Hochofenausmauerungen. Stahl und Eisen 79 (1959), 10, S. 669–674.

[45] Flossmann, R., und R. Geidel, Erfahrungen bei der Messung des Mauerwerkverschleißes von Hochöfen mit radioaktiven Isotopen. Stahl und Eisen 80 (1960), 24, S. 1753–1759.

[46] Holzey, J., F. W. Wagner und H. Mühlbach, Ergebnisse einer Verschleißuntersuchung am Hochofenmauerwerk. Neue Hütte 6 (1961), 4, S. 212–224.

[47] Holzey, J., Profilbildung in Hochöfen durch Verschleiß bei Schamotte- und Kohlenstoffzustellung. Neue Hütte 6 (1961), 9, S. 553–557.

[48] Hayaski, S., und Mitarbeiter, Messung des Verschleißes von Hochofenfutter durch radioaktive Isotope. Tetsu-to-Hagane (1962), S. 38–44.

[49] Sommerkorn, G., Ergebnisse und Erfahrungen bei der Verschleißüberwachung des Hochofenmauerwerks mit radioaktiven Isotopen. Stahl und Eisen 84 (1964), 19, S. 1197–1202.

[50] Persönliche Mitteilung von Herrn Y. Le Mat, Fa. Muller, Paris.

FORSCHUNGSBERICHTE DES LANDES NORDRHEIN-WESTFALEN

Herausgegeben im Auftrage des Ministerpräsidenten Heinz Kühn
von Staatssekretär Professor Dr. h. c. Dr. E. h. Leo Brandt

BAU · STEINE · ERDEN

HEFT 36
Forschungsinstitut der Feuerfest-Industrie, Bonn
Untersuchungen über die Trocknung von Rohton. Untersuchungen über die chemische Reinigung von Silikat- und Schamotte-Rohstoffen mit chlorhaltigen Gasen
1953. 51 Seiten, 5 Abb., 5 Tabellen. DM 11,—

HEFT 37
Forschungsinstitut der Feuerfest-Industrie, Bonn
Untersuchungen über den Einfluß der Probenvorbereitung auf die Kaltdruckfestigkeit feuerfester Steine. Untersuchungen über die Abnutzung von Strangpressen-Messern bei der Verarbeitung plastischer Schamotte-Massen
1953. 33 Seiten, 2 Abb., 5 Tabellen. DM 7,80

HEFT 59
Forschungsinstitut der Feuerfest-Industrie, Bonn
Ein Schnellanalysenverfahren zur Bestimmung von Aluminiumoxid, Eisenoxid und Titanoxid in feuerfestem Material mittels organischer Farbreagenzien auf photometrischem Wege.
Untersuchungen des Alkali-Gehaltes feuerfester Stoffe mit dem Flammenphotometer nach Riehm-Lange
1954. 52 Seiten, 12 Abb., 3 Tabellen. Vergriffen

HEFT 76
Max-Planck-Institut für Arbeitsphysiologie, Dortmund
Arbeitstechnische und arbeitsphysiologische Rationalisierung von Mauersteinen
1954. 41 Seiten, 12 Abb., 3 Tabellen. DM 10,20

HEFT 81
Prüf- und Forschungsinstitut für Ziegeleierzeugnisse, Essen-Kray
Die Einführung des großformatigen Einheits-Gitterziegels im Lande Nordrhein-Westfalen
1954. 54 Seiten, 2 Abb., 2 Tabellen, 7 Seiten Anhang. DM 10,—

HEFT 90
Forschungsinstitut der Feuerfest-Industrie, Bonn
Das Verhalten von Silikatsteinen im Siemens-Martin-Ofengewölbe
1954. 49 Seiten, 15 Abb., 11 Tabellen. DM 11,90

HEFT 91
Forschungsinstitut der Feuerfest-Industrie, Bonn
Untersuchungen des Zusammenhangs zwischen Leistung und Kohlenverbrauch von Kammer-Öfen zum Brennen von feuerfesten Materialien
1954. 29 Seiten, 6 Abb. DM 8,30

HEFT 106
Oberregierungsrat Dr.-Ing. W. Küch, Dortmund
Untersuchungen über die Einwirkung von feuchtigkeitsgesättigter Luft auf die Festigkeit von Leimverbindungen
1954. 64 Seiten, 10 Abb., 6 Tabellen. DM 11,40

HEFT 111
Fachverband Steinzeugindustrie, Köln
Die Entwicklung eines Gerätes zur Beschickung seitlicher Feuer von Steinzeug-Einzelkammeröfen mit festen Brennstoffen
1955. 31 Seiten, 16 Abb. DM 9,40

HEFT 127
Güteschutz Betonstein e. V.,
Arbeitskreis Nordrhein-Westfalen, Dortmund
Die Betonwaren-Gütesicherung im Lande Nordrhein-Westfalen
1954. 44 Seiten, 15 Abb., 3 Tabellen. DM 11,50

HEFT 142
Dipl.-Ing. G. M. F. Wiebel, Hannover,
A. Konermann und A. Ottenheym, Sennelager
Entwicklung eines Kalksandleichtsteines
1955. 21 Seiten, 4 Abb. DM 8,—

HEFT 149
Dr.-Ing. Kamillo Konopicky und
Dipl.-Chem. P. Kampa, Bonn
I. Beitrag zur flammenphotometrischen Bestimmung des Calciums
Dr.-Ing. Kamillo Konopicky, Bonn
II. Die Wanderung von Schlackenbestandteilen in feuerfesten Baustoffen
1955. 37 Seiten, 10 Abb., 5 Tabellen. DM 11,—

HEFT 180
Dr.-Ing. Werner Piepenburg,
Dipl.-Ing. Bodo Bühling und Bau-Ing. Johannes Behnke, Köln
Putzarbeiten im Hochbau und Versuche mit aktiviertem Mörtel und mechanischem Mörtelauftrag
1955. 103 Seiten, 31 Abb., 68 Tabellen. DM 23,—

HEFT 213
Dipl.-Ing. K. F. Rittinghaus, Institut für elektrische Nachrichtentechnik der Rhein.-Westf. Technischen Hochschule Aachen
Zusammenstellung eines Meßwagens für Bau- und Raumakustik
1957. 87 Seiten, 17 Abb., 7 Tabellen. DM 19,80

HEFT 223
Dr.-Ing. Kurt Alberti und
Dr. phil. habil. Franz Schwarz, Forschungslaboratorium des Bundesverbandes der Deutschen Kalkindustrie e. V., Köln
Über das Problem Hartbrand-Weichbrand
1956. 43 Seiten, 25 Abb., 14 Tabellen. DM 12,10

HEFT 231
Oberregierungsrat Dr.-Ing. W. Küch, Deutsche Gesellschaft für Holzforschung e. V., Stuttgart
Über die Wechselwirkung zwischen Holzschutzbehandlung und Verleimung
1956. 38 Seiten, 10 Abb., 8 Tabellen. DM 10,40

HEFT 250
Dozent Dr. phil. habil. Franz Schwarz und
Dr.-Ing. Kurt Alberti, Forschungslaboratorium des Bundesverbandes der Deutschen Kalkindustrie e. V., Köln
Entwicklung von Untersuchungsverfahren zur Gütebeurteilung von Industriekalken
1956. 23 Seiten, 9 Abb., 4 Tabellen. DM 16,50

HEFT 266
Fliesen-Beratungsstelle Bad Godesberg-Mehlem
Güteeigenschaften keramischer Wand- und Bodenfliesen und deren Prüfmethoden
1956. 21 Seiten. DM 7,10

HEFT 319
Prof. Dr. phil. Carl Kröger, Institut für Brennstoffchemie der Rhein.-Westf. Technischen Hochschule Aachen
Gemengereaktionen und Glasschmelze
1956. 109 Seiten, 53 Abb., 16 Tabellen. DM 26,—

HEFT 370
Dozent Dr. phil. habil. Franz Schwarz, Köln
Physikochemische Grundlagen der Bildsamkeit von Kalken unter Einbeziehung des Begriffes der aktiven Oberfläche
1958. 90 Seiten, 14 Abb., 16 Tabellen, 36 Titrationen. DM 25,10

HEFT 398
Prof. Dr. phil. nat. habil. Hans-Ernst Schwiete und
Dipl.-Ing. Günter Geisdorf, Aachen
Einlagerungsversuche an synthetischem Mullit Teil I
Prof. Dr. phil. nat. habil. Hans-Ernst Schwiete,
Master of Science Arun Kumar Bose und
Dr. phil. Hermann Müller-Hesse, Aachen
Die Zusammensetzung der Schmelzphase in Schamottesteinen Teil I
1957. 45 Seiten, 17 Abb., 17 Tabellen. DM 14,50

HEFT 399
Prof. Dr. phil. nat. habil. Hans-Ernst Schwiete und
Dr.-Ing. Reinhard Vinkeloe, Aachen
Möglichkeiten der quantitativen Mineralanalyse mit dem Zählrohrgerät unter besonderer Berücksichtigung der Mineralgehaltsbestimmung von Tonen
1958. 88 Seiten, 34 Abb., 1 Tabelle. DM 26,70

HEFT 402
Prof. Dr. Werner Linke, Aachen
Die Wärmeübertragung durch Thermopane-Fenster
1958. 29 Seiten, 17 Abb., 2 Tabellen. DM 10,80

HEFT 430
Prof. Dr. Georg Garbotz und Dr.-Ing. Gerhard Dress, Institut für Baumaschinen und Bauarbeiten der Rhein.-Westf. Technischen Hochschule Aachen
Untersuchungen über das Kräftespiel an Flachbagger-Schneidwerkzeugen in Mittelsand und schwach bindigem, sandigem Schluff unter besonderer Berücksichtigung der Planierschilde und ebenen Schürfkübelschneiden
1958. 142 Seiten, 81 Abb. DM 37,50

HEFT 453
Forschungsinstitut der Feuerfest-Industrie, Bonn
Die Arbeiten der technisch-wissenschaftlichen Kommission der PRE (Vereinigung der europäischen Feuerfest-Industrie)
1957. 50 Seiten, 2 Abb., 18 Tabellen. DM 14,75

HEFT 454
Dr.-Ing. Werner Piepenburg, Dipl.-Ing. Bodo Bühling und Bau-Ing. Johannes Behnke, Forschungslaboratorium des Bundesverbandes der Deutschen Kalkindustrie e. V., Köln
Haftfestigkeit der Putzmörtel
1958. 115 Seiten, 6 Abb., 63 Tabellen. DM 28,30

HEFT 482
Dipl.-Ing. Rudolf Pels-Leusden und
Dr. Karl Bergmann, Prüf-Forschungsinstitut für Ziegelerzeugnisse e. V., Essen-Kray
Die Frostbeständigkeit von Ziegeln; Einflüsse der Materialzusammensetzung und des Brandes
1958. 70 Seiten, 31 Abb., 5 Tabellen. DM 20,45

HEFT 484
Prof. Dr. phil. nat. habil. Hans-Ernst Schwiete und
Dr. Gisela Franzen, Institut für Gesteinshüttenkunde der Rhein.-Westf. Technischen Hochschule Aachen
Beitrag zur Struktur des Montmorillonit
1958. 74 Seiten, 23 Abb. DM 22,—

HEFT 488
Prof. Dr. phil. nat. habil. Hans-Ernst Schwiete und
Dipl.-Chem. Heribert Westmark, Institut für Gesteinshüttenkunde der Rhein.-Westf. Technischen Hochschule Aachen
Beitrag zur Kennzeichnung der Texturen von Schamottesteinen
1958. 48 Seiten, 32 Abb., 7 Tabellen. DM 16,80

HEFT 528
Dipl.-Chem. Dr. Paul Ney, Forschungslaboratorium des Bundesverbandes der Deutschen Kalkindustrie e. V., Köln
Physikochemische Grundlagen der Bildsamkeit von Kalken unter Einbeziehung des Begriffs der aktiven Oberfläche
1958. 80 Seiten, 30 Abb., 6 Tabellen. DM 26,75

HEFT 543
Prof. Dr. phil. nat. habil. Hans-Ernst Schwiete,
Dr. phil. Hermann Müller-Hesse und
Dipl.-Ing. Günter Gelsdorf, Institut für Gesteinshüttenkunde der Rhein.-Westf. Technischen Hochschule Aachen
Einlagerungsversuche an synthetischem Mullit Teil II
1958. 28 Seiten, 5 Abb., 10 Tabellen. DM 10,—

HEFT 544
Prof. Dr. phil. nat. habil. Hans-Ernst Schwiete,
Dr.-Ing. Arun Kumar Bose und
Dr. phil. Hermann Müller-Hesse, Institut für Gesteinshüttenkunde der Rhein.-Westf. Technischen Hochschule Aachen
Die Schmelzphase in Schamottesteinen. Teil II
1958. 30 Seiten, 9 Abb., 12 Tabellen. DM 11,—

HEFT 545
Prof. Dr. phil. nat. habil. Hans-Ernst Schwiete,
Dr. rer. nat. Günther Ziegler und
Dipl.-Ing. Christoph Kliesch, Institut für Gesteinshüttenkunde der Rhein.-Westf. Technischen Hochschule Aachen
Thermochemische Untersuchungen über die Dehydration des Montmorillonits
1958. 48 Seiten, 16 Abb., 4 Tabellen. DM 15,40

HEFT 553
Prof. Dr. Georg Garbotz und
Dipl.-Ing. Josef Theiner, Institut für Gesteinshüttenkunde der Rhein.-Westf. Technischen Hochschule Aachen
Untersuchungen der statischen Walzverdichtungsvorgänge mit Glattwalzen und Vergleiche mit Ergebnissen aus Versuchen mit dynamischen Verdichtungsgeräten
1959. 286 Seiten, 208 Abb. DM 58,—

HEFT 559
Prof. Dr. phil. nat. habil. Hans-Ernst Schwiete und
Dipl.-Chem. Rainer Gauglitz, Institut für Gesteinshüttenkunde des Rhein.-Westf. Technischen Hochschule Aachen
Die Verflüssigung von Montmorillonitschlämmen
1958. 65 Seiten, 15 Abb., 5 Tabellen. DM 19,30

HEFT 634
Prüf- und Forschungsinstitut für Ziegeleierzeugnisse e. V., Essen-Kray
Verminderung der Streuungen der Masse, der Festigkeit und der Sprödigkeit von Ziegeln
1958. 93 Seiten, 36 Abb., 18 Tabellen. DM 24,30

HEFT 643
Max-Planck-Institut für Silikatforschung, Würzburg
Anisotropiemessungen an Schleifkörpern
1958. 38 Seiten, 22 Abb. DM 11,70

HEFT 651
Dr.-Ing. Albrecht Eisenberg, Staatliches Materialprüfungsamt Nordrhein-Westfalen Dortmund
Versuche zur Körperschalldämmung in Gebäuden
1958. 26 Seiten, 20 Abb. DM 8,10

HEFT 688
Prof. Dr. phil. nat. habil. Hans-Ernst Schwiete und
Dipl.-Ing. Arnulf Schüffler, Institut für Gesteinshüttenkunde der Rhein.-Westf. Technischen Hochschule Aachen
Entwicklung einer elektrisch beheizten Apparatur zur Messung von Wärmeleitfähigkeiten feuerfester Materialien bei hohen Temperaturen
1959. 41 Seiten, 16 Abb. DM 11,60

HEFT 689
Prof. Dr. phil. nat. habil. Hans-Ernst Schwiete und
Dipl.-Chem. Heribert Westmark, Institut für Gesteinshüttenkunde der Rhein.-Westf. Technischen Hochschule Aachen
Die Wärmeleitfähigkeit feuerfester Steine im Spiegel der Literatur
1949. 54 Seiten, 35 Abb. DM 16,30

HEFT 695
Dr.-Ing. Walter Herding, München
Die Fahrdynamik und das Arbeitsspiel gleisloser Erdbaugeräte als Kalkulationsgrundlage für die Bodenförderung und ihre Kosten
1960. 178 Seiten, 89 Abb., 18 Tabellen. DM 49,—

HEFT 711
Dr.-Ing. Kurt Alberti, Forschungslaboratorium des Bundesverbandes der Deutschen Kalkindustrie e. V., Köln
Einfluß der chemischen Zusammensetzung des Anmachewassers auf die Festigkeit von Kalkmörteln
1959. 50 Seiten, 4 Abb., 20 Tabellen. DM 13,10

HEFT 713
Dr.-Ing. Ernst Menzenbach, Institut für Verkehrswasserbau, Grundbau und Bodenmechanik der Rhein.-Westf. Technischen Hochschule Aachen
Die Anwendbarkeit von Sonden zur Prüfung der Festigkeitseigenschaften des Baugrundes
1959. 215 Seiten, 190 Abb., 24 Tabellen. Vergriffen

HEFT 734
Institut für Bauforschung e. V., Hannover
Arbeitstechnische und arbeitsphysiologische Untersuchungen zur Erleichterung der Maurerarbeit
1959. 55 Seiten, 15 Abb., 7 Anlagen, 20 Tabellen. DM 15,60

HEFT 843
Dipl.-Chem. Wolfgang Schmidt,
Dipl.-Chem. Emil Köhler und
Dipl.-Ing. Wilhelm Schmidt, Forschungsinstitut der Feuerfest-Industrie, Bonn
Flammenspektrometrische Alkalibestimmung im Korund
1960. 13 Seiten, 2 Abb., 1 Tabelle. DM 5,50

HEFT 844
Prof. Dr.-Ing. Otto Kienzle und
Dipl.-Ing. Klaus Greiner, Hannoversches Forschungsinstitut für Fertigungsfragen e. V., Technische Hochschule Hannover
Festigkeitsuntersuchungen an Klebverbindungen zwischen Schleif- und Tragkörpern
1960. 125 Seiten, 48 Abb., 10 Tabellen, 20 Anlagen. DM 35,—

HEFT 859
Prof. Dr. phil. nat. habil. Hans-Ernst Schwiete und
Dr.-Ing. Rolf Baur, Aachen
Hydrothermalsynthese und Strukturuntersuchung an synthetischen Montmorillonit
1960. 104 Seiten, 44 Abb., 29 Tabellen. DM 28,70

HEFT 903
Prof. Dr.-Ing. Bernhard Renfert †,
Baurat Dipl.-Ing. Karl Heisig und
Dipl.-Ing. Josef Thelen, Lehrstuhl für Straßenbau, Erd- und Tunnelbau der Rhein.-Westf. Technischen Hochschule Aachen
Untersuchungen über Bodenverfestigung des Untergrunds zur Feststellung der technischen und wirtschaftlichen Auswirkungen auf den Unterbau bzw. auf die Straßenbetonfahrbahnplatten sowie Untersuchungen flexibler Deckenkonstruktionen auf verschiedenen Unterbauarten
1960. 136 Seiten, 62 Abb., 15 Anlagen, 10 Tabellen. DM 39,10

HEFT 910
Prof. Dr.-Ing. habil. Kurt Walz, Forschungsinstitut der Zementindustrie, Düsseldorf
Der Einfluß einer Wärmebehandlung auf die Festigkeit von Beton aus verschiedenen Zementen
1960. 39 Seiten, 17 Abb., 5 Tabellen. DM 12,60

HEFT 921
Dr.-Ing. Kamillo Konopicky und
cand. phys. Karl Wohlleben, Forschungsinstitut der Feuerfest-Industrie, Bonn
Untersuchungen zum Gang des Torsionsmoduls mit der Temperatur an Wannensteinen
1960. 23 Seiten, 10 Abb., 4 Tabellen. DM 8,40

HEFT 948
Prof. Dr. phil. nat. habil. Hans-Ernst Schwiete und
Dipl.-Ing. Udo Ludwig, Institut für Gesteinshüttenkunde der Rhein.-Westf. Technischen Hochschule Aachen
Der Tuff, seine Entstehung und Konstitution und seine Verwendung im Baugewerbe im Spiegel der Literatur
1961. 68 Seiten, 8 Abb., 20 Tabellen. DM 18,80

HEFT 956
Prof. Dr. phil. nat. habil. Hans-Ernst Schwiete,
Dipl.-Ing. Udo Ludwig und
Dipl.-Ing. Karl-Heinz Wigger, Institut für Gesteinshüttenkunde der Rhein.-Westf. Technischen Hochschule Aachen
Die Konstitution einiger rheinischer und bayrischer Trasse
1961. 44 Seiten, 17 Abb., 14 Tabellen. DM 13,40

HEFT 977
Dr.-Ing. Gottfried Kronenberger, Institut für Baumaschinen und Baubetrieb der Rhein.-Westf. Technischen Hochschule Aachen
Untersuchungen über die Verdichtungswirkung und das Arbeitsverhalten eines Einmassenrüttlers auf Schotter und Kiessand zur Ermittlung der maßgeblichen Einflußgrößen bei der Rüttelverdichtung
1961. 96 Seiten, 36 Abb., 17 Tafeln, 7 Tabellen. DM 27,70

HEFT 978
Prof. Dr. phil. nat. habil. Hans-Ernst Schwiete und
Dipl.-Ing. Udo Ludwig, Institut für Gesteinshüttenkunde der Rhein.-Westf. Technischen Hochschule Aachen
Das Verhalten von rheinischem und bayrischem Trass in hydraulischen Bindemitteln
1961. 82 Seiten, 27 Abb., 25 Tabellen. DM 24,70

HEFT 979
Prof. Dr. phil. nat. habil. Hans-Ernst Schwiete und
Dipl.-Ing. Udo Ludwig, Institut für Gesteinshüttenkunde der Rhein.-Westf. Technischen Hochschule Aachen
Die Bindung des freien Kalkes und die bei den Trass-Kalk-Reaktionen entstehenden Neubildungen
1961. 59 Seiten, 18 Abb., 13 Tabellen. DM 18,—

HEFT 995
Prof. Dr.-Ing. Hermann Reiher und
Dr. phil. Dietrich von Soden, Institut für technische Physik der Fraunhofer-Gesellschaft, Stuttgart
Einfluß von Erschütterungen auf Gebäude
1961. 45 Seiten, 11 Abb. Vergriffen

HEFT 998
Prof. Dr. phil. nat. habil. Hans-Ernst Schwiete,
Dr. phil. Hermann Müller-Hesse und
Dipl.-Chem. John Egon Planz, Institut für Gesteinshüttenkunde der Rhein.-Westf. Technischen Hochschule Aachen
Untersuchungen über Festkörperreaktionen im System BaO—Al_2O_3—SiO_2 mit Hilfe der Infrarot-Spektroskopie
1961. 169 Seiten, 82 Abb., 32 Tabellen. DM 49,—

HEFT 1005
Prof. Dr.-Ing. habil. Kurt Walz, Dr.-Ing. Justus Bonzel, Forschungsinstitut der Zementindustrie, Düsseldorf
Festigkeitsentwicklung verschiedener Zemente bei niederer Temperatur
1961. 42 Seiten, 25 Abb., 7 Tabellen. DM 15,10

HEFT 1012
Dr. rer. pol. Theo Beckermann,
Dipl.-Kfm. Meinolf Wulff, Rheinisch-Westfälisches Institut für Wirtschaftsforschung, Essen
Entwicklung und Situation des Baumarktes
1961. 119 Seiten, 5 Abb., 10 Tabellen.
Strukturtabellen 1–35. DM 34,10

HEFT 1026
Prof. Dr. phil. nat. habil. Hans-Ernst Schwiete und
Dipl.-Chem. Hans Georg Ritt, Institut für Gesteinshüttenkunde der Rhein.-Westf. Technischen Hochschule Aachen
Beitrag zur Konstitution und Wirkungsweise plastifizierender und lufteinführender Betonzusatzmittel
1962. 58 Seiten, 23 Abb., 5 Tabellen. DM 19,90

HEFT 1047
Prof. Dr.-Ing. habil. Kurt Walz und
Dr.-Ing. Gerd Wischers, Forschungsinstitut der Zementindustrie, Düsseldorf
Beton als Strahlenschutz für Kernreaktoren
1961. 51 Seiten, 17 Abb., 6 Tabellen. DM 18,70

HEFT 1048
Dr.-Ing. Kamillo Konopicky, Dr. Ingeborg Patzak und
Dipl.-Phys. Karl Wohlleben, Forschungsinstitut der Feuerfest-Industrie, Bonn
Über den Glasanteil in Silikatsteinen
1961. 25 Seiten, 6 Abb., 7 Tabellen. DM 11,—

HEFT 1076
Prof. Dr. phil. nat. habil. Hans-Ernst Schwiete,
Dr. Rainer Ganglitz, Dipl.-Ing. Cristoph Ackermann, Institut für Gesteinshüttenkunde der Rhein.-Westf. Technischen Hochschule Aachen
Der Einfluß der Art, der Korngröße und der Kationenbelegung von Montmorillonit auf sein thermochemisches Verhalten
1962. 49 Seiten, 23 Abb., 5 Tabellen. DM 21,80

HEFT 1077
Prof. Dr. phil. nat. habil. Hans-Ernst Schwiete,
Dr. phil. Hermann Müller-Hesse und
Dipl.-Chem.-Ing. Oktay Tekin Orhun, Institut für Gesteinshüttenkunde der Rhein.-Westf. Technischen Hochschule Aachen
Über die Stabilität der Mineralien Kyanit, Andalusit und Sillimanit
1962. 67 Seiten, 24 Abb., 10 Tabellen. DM 31,60

HEFT 1090
Dr.-Ing. Kamillo Konopicky,
Dipl.-Chem. Emil Karl Köhler und
Dr.-Ing. Wilhelm Lohre, Forschungsinstitut der Feuerfest-Industrie, Bonn
Aufbau und Eigenschaften des Kanalisationssteinzeugrohres
Einfluß der Rohstoffe und Herstellungsbedingungen
1962. 85 Seiten, 53 Abb., 15 Tabellen. DM 46,—

HEFT 1096
Dr.-Ing. Kamillo Konopicky,
Dipl.-Chem. Emil Karl Köhler, Forschungsinstitut der Feuerfest-Industrie, Bonn
Die Veränderung der keramisch-technologischen Eigenschaften und des Mineralaufbaues verschiedener Tone beim Brennen
1962. 46 Seiten, 23 Abb., 3 Tabellen. DM 27,50

HEFT 1186
Prof. Dr. phil. nat. habil. Hans-Ernst Schwiete und
Dipl.-Ing. Friedrich-Carl Dölbor, Institut für Gesteinshüttenkunde der Rhein.-Westf. Technischen Hochschule Aachen
Einfluß der Abkühlungsbedingungen und der chemischen Zusammensetzung auf die hydraulischen Eigenschaften von Hämatitschlacken
1963. 119 Seiten, 52 Abb., davon 1 Abb. farbig,
18 und 38 Tabellen. DM 59,60

HEFT 1241
Dr.-Ing. Kamillo Konopicky, Forschungsinstitut der Feuerfest-Industrie, Bonn
Über die Zonenbildung bei der Reaktion von Glas mit feuerfesten Steinen, vorzugsweise Schamotte-Wannensteinen
1963. 43 Seiten, 23 Abb., 1 Tabelle. DM 22,50

HEFT 1288
Prof. Dr. phil. nat. habil. Hans-Ernst Schwiete und
Dipl.-Chem. Emil Karl Köhler, Institut für Gesteinshüttenkunde der Rhein.-Westf. Technischen Hochschule Aachen
Über Aufbau, Eigenschaften und Prüfmethoden feuerfester Mörtel
1964. 136 Seiten, 73 Abb., 19 Tabellen. DM 67,—

HEFT 1299
Prof. Dr. phil. nat. habil. Hans-Ernst Schwiete und
Dr.-Ing. Helmut Neises, Institut für Gesteinshüttenkunde der Rhein.-Westf. Technischen Hochschule Aachen
Untersuchungen über die Verschlackung von Schamotte-Pfannensteinen
1964. 125 Seiten, 52 Abb., 42 Tabellen. DM 62,50

HEFT 1321
Prof. Dr.-Ing. Wolfgang Triebel und Dipl.-Ing. Günter Meyerhoff, Institut für Bauforschung e. V., Hannover
Elemente und Maßstäbe der Produktivität
1964. 38 Seiten. DM 15,20

HEFT 1322
Prof. Dr.-Ing. Wolfgang Triebel und Dipl.-Ing. Erichbernd Brocher, Institut für Bauforschung e. V., Hannover
Wirtschaftlichkeit der Vorfertigung bestimmter Elemente im Hochbau
1964. 50 Seiten, 17 Abb., 4 Tabellen. DM 23,—

HEFT 1323
Obering. Gerhard Piltz, Institut für Ziegelforschung Essen e. V., Essen-Kray
Untersuchung der Möglichkeiten der Aufhellung der Brennfarben von Ziegelrohstoffen
1964. 44 Seiten, 9 Abb., 15 Tabellen. DM 18,80

HEFT 1336
Prof. Dr. phil. nat. habil. Hans-Ernst Schwiete und Dipl.-Ing. Claus Metzger, Institut für Gesteinshüttenkunde der Rhein.-Westf. Technischen Hochschule Aachen
Methoden zur Untersuchung des Fließverhaltens von feuerfesten Baustoffen bei hohen Temperaturen
1964. 28 Seiten, 12 Abb. DM 15,30

HEFT 1337
Prof. Dr. phil. nat. habil. Hans-Ernst Schwiete und Karl-Heinz Karsch, Institut für Gesteinshüttenkunde der Rhein.-Westf. Technischen Hochschule Aachen
Einfluß der Vorbehandlung auf das chemische und mechanische Verhalten binärer Alkaliboratgläser
1964. 37 Seiten, 22 Abb., 3 Tabellen. DM 19,—

HEFT 1338
Dr.-Ing. Hans-Joachim Crasemann, Dr.-Ing. Manfred Meyer, Untersuchungen durchgeführt im Jahre 1960 am Institut für Werkzeugmaschinen und Umformtechnik Technische Hochschule Hannover (Leiter: Prof. Dr.-Ing. Dr.-Ing. E. h. O. Kienzle) im Auftrage der Forschungsgemeinschaft Schleifscheiben Beuel
Der Verschleiß an Preßformen bei der Herstellung von Schleifkörpern
1964. 42 Seiten, 19 Abb., 2 Tabellen. DM 24,80

HEFT 1339
Prof. Dr.-Ing. habil. Adolf Dietzel, Max-Planck-Institut für Silikatforschung Würzburg, im Auftrage der Deutschen Keramischen Gesellschaft e. V., Bad Honnef
Untersuchungen über die Spannungsverteilung im System Mörtel-Scherben-Glasur bei angelegten Wandfliesen
Teil I: Das System Mörtel-Scherben
2. Auflage 1966, 56 Seiten, 32 Abb., 9 Tabellen. DM 31,80

HEFT 1341
Prof. Dr. phil. nat. habil. Hans-Ernst Schwiete, Dr. phil. Hermann Müller-Hesse und Dipl.-Ing. Ehrhardt Wilkendorf, Institut für Gesteinshüttenkunde der Rhein.-Westf. Technischen Hochschule Aachen
Untersuchungen an Al_2O_3 : SiO_2-Mineralien als Rohstoffe für feuerfeste Erzeugnisse
1964. 53 Seiten, 26 Abb., 13 Tabellen. DM 28,—

HEFT 1342
Dipl.-Chem. Dr. Paul Ney, Forschungslaboratorium des Bundesverbandes der Deutschen Kalkindustrie e. V., Köln-Raderthal
Einfluß der Zusammensetzung der flüssigen Phase beim Löschvorgang auf die Plastizitätseigenschaften des Kalkes nach Emley
1964. 57 Seiten, 7 Abb., 28 Tabellen. DM 25,40

HEFT 1343
Prof. Dr.-Ing. habil. Adolf Dietzel, Direktor des Max-Planck-Instituts für Silikatforschung, Würzburg
Untersuchungen über das Schnellkühlverfahren bei Steinzeug.
Gefügeaufbau des Scherbens von Isolatorenporzellan
1964. 16 Seiten, 3 Abb. DM 8,90

HEFT 1345
Dipl.-Ing. Herbert Menkhoff, Institut für Baumaschinen und Baubetrieb der Rhein.-Westf. Technischen Hochschule Aachen
Raumgewichtsbestimmung mit radioaktiven Isotopen
1964. 96 Seiten, 62 Abb., 14 Tabellen. DM 51,50

HEFT 1346
Dr.-Ing. Armin Horn, Institut für Verkehrswasserbau, Grundbau und Bodenmechanik der Rhein.-Westf. Technischen Hochschule Aachen
Die Scherfestigkeit von Schluff
1964. 293 Seiten, 150 Abb., 1 Tabelle. DM 112,—

HEFT 1351
Obering. Gerhard Piltz, Institut für Ziegelforschung Essen e. V., Essen-Kray
Vergleich der in der Grobkeramik angewandten Untersuchungsmethoden in bezug auf ihre Aussage über technologisches Verhalten der Rohstoffe und der Eigenschaften der daraus gefertigten Erzeugnisse
1964. 64 Seiten, 15 Abb., 19 Anlagen, 7 Tabellen. DM 31,—

HEFT 1378
Rheinisch-Westfälisches Institut für Wirtschaftsforschung, Essen
Öffentliche Hand und Baumarkt — Voraussetzungen und Möglichkeiten einer Koordinierung
1964. 56 Seiten, 3 Schaubilder, 1 Tabelle. DM 19,50

HEFT 1380

Dipl.-Phys. Karl Wohlleben, Forschungsinstitut der Feuerfest-Industrie, Bonn

Studien zur Anwendbarkeit der Röntgenfluoreszenzanalyse für die quantitative Analyse Röntgenfluoreszenzanalyse von tonerdereichen Substanzen

1965. 69 Seiten, 33 Abb., 10 Tabellen. DM 38,50

HEFT 1382

Prof. Dr.-Ing. Dr. h. c. Herwart Opitz, Dozent Dr.-Ing. Janez Peklenik und Dipl.-Ing. Wilhelm Ernst, Laboratorium für Werkzeugmaschinen und Betriebslehre der Rhein.-Westf. Technischen Hochschule Aachen

Im Auftrag des Vereins Deutscher Schleifmittelwerke e. V.

Forschungsgemeinschaft Schleifscheiben, Beuel a. Rh.

Untersuchung der Härte von Schleifkörpern

1964. 57 Seiten, 35 Abb., 2 Tabellen. DM 29,80

HEFT 1383

Dr.-Ing. Kamillo Konopicky, Dr.-Ing. Wilhelm Lohre und Gerald Routschka, Forschungsinstitut der Feuerfest-Industrie, Bonn

Zur Frage des synthetischen Mullits

1964. 69 Seiten, 19 Abb., 16 Tabellen. DM 35,40

HEFT 1386

Architekt Karl Richard Kräntzer unter Mitwirkung von Rolf Heitmann, Institut für Bauforschung e. V., Hannover

Leiter: Prof. Dr.-Ing. Wolfgang Triebel

Preisindex und Baukosten im Wohnungsbau. Einflüsse auf Aufwand und Baukosten und ihre Auswirkung auf die Anwendungsmöglichkeiten der Baupreisindices für Preis- und Kostenvergleiche

1964. 84 Seiten, 6 Abb., 15 Tabellen, 7 Anlagen. DM 43,—

HEFT 1392

Prof. Dr. phil. nat. habil. Hans-Ernst Schwiete und Dipl.-Chem. Egid M. M. G. Niel, Institut für Gesteinshüttenkunde der Rhein.-Westf. Technischen Hochschule Aachen

Untersuchungen über die Reaktionen im System Klinker-Sulfat-Wasser in den ersten Minuten nach der Wasserzugabe

1964. 152 Seiten, 128 Abb., 37 Tabellen. DM 93,80

HEFT 1412

Dipl.-Chem. Eberhard Benkel, Institut für Fußbodenforschung und -materialprüfung der Fraunhofer-Gesellschaft zur Förderung der angewandten Forschung e. V., Bonn

Einbau organischer Körper in die Oberfläche von Steinholzbelägen zur Erhöhung der Güteeigenschaften

1965. 40 Seiten, 11 Abb., 12 Tabellen. DM 19,80

HEFT 1427

Prof. Dr. phil. nat. habil. Hans-Ernst Schwiete und Dipl.-Ing. Heinz Klein, Institut für Gesteinshüttenkunde der Rhein.-Westf. Technischen Hochschule Aachen

Über Verformungsmessungen an feuerfesten Materialien unter hohen statischen, dynamischen und thermischen Beanspruchungen

1965. 118 Seiten, 98 Abb., 2 Tabellen. DM 61,80

HEFT 1441

Prof. Dr. phil. nat. habil. Hans-Ernst Schwiete, Dipl.-Ing. Petrus Kastanja und Dr.-Ing. Udo Ludwig, Institut für Gesteinshüttenkunde der Rhein.-Westf. Technischen Hochschule Aachen

Das mörteltechnische und chemische Verhalten verschiedener Trasse und Gesteinsmehle in Verbindung mit Kalk in wäßrigen Lösungen

1965. 46 Seiten, 17 Abb., 15 Tabellen. DM 25,50

HEFT 1449

Frau Prof. Dr. Eleanor von Erdberg-Consten, Institut für Kunstgeschichte der Rhein.-Westf. Technischen Hochschule Aachen

Grundsätze des Wohnens im westlichen und östlichen Raum; Baustil und Bautechnik in Amerika und Japan

1964. 79 Seiten, 22 Abb. DM 33,—

HEFT 1451

Prof. Dr. phil. nat. habil. Hans-Ernst Schwiete und Dipl.-Ing. Friedrich Ellies, Institut für Gesteinshüttenkunde der Rhein.-Westf. Technischen Hochschule Aachen

Untersuchungen über die Abriebsfestigkeit keramisch gebundener und schmelzgegossener, feuerfester Steine bei hohen Temperaturen

1965. 111 Seiten, 87 Abb., 23 Tabellen. DM 68,—

HEFT 1453

Günter Serwatzky, Forschungsinstitut der Feuerfest-Industrie e. V., Bonn

Die Bestimmung der Korngrößenverteilung von Tonmineralien

1965. 35 Seiten, 22 Abb., DM 22,80

HEFT 1464

Prof. Dr.-Ing. Wolfgang Triebel und Rat.-Ing. Dirk Gerdes, Institut für Bauforschung e. V., Hannover

Energieersparnis durch Verbesserung des baulichen Wärmeschutzes

1966. 66 Seiten, 12 Abb., 20 Tabellen. DM 43,50

HEFT 1467

Prof. Dr. Georg Garbotz und Dr.-Ing. Hermann Christoffel, Institut für Baumaschinen und Baubetrieb der Rhein.-Westf. Technischen Hochschule Aachen

Das Verhalten von Schotter in Gleisbettungen

1964. 98 Seiten, 54 Abb., 10 Tabellen. DM 55,80

HEFT 1469

Dipl.-Chem. Dr. Paul Ney, Bundesverband der Deutschen Kalkindustrie e. V., Köln

Einfluß der Mörtelbestandteile und der Mörtelherstellung auf die Eigenschaften von Frischmörteln

1965. 48 Seiten, 13 Abb., 9 Tabellen. DM 24,—

HEFT 1493
Dipl.-Chem. Dr. Paul Ney, Forschungslaboratorium des Bundesverbandes der Deutschen Kalkindustrie e. V., Köln-Raderthal
Erprobung einer Bestimmungsmethode für die Verbrennungsgeschwindigkeit fester Brennstoffe zur Herstellung von Branntkalk
1965. 33 Seiten, 9 Tabellen. DM 16,50

HEFT 1494
Ing. Helmut Erich Czabon, Batelle-Institut e. V., Frankfurt. Im Auftrage der Forschungsgemeinschaft Schleifscheiben im Verband Deutscher Schleifmittelwerke e. V., Bonn
Einwirkung von Kühlflüssigkeiten auf kunstharzgebundene Schleifkörper und Maßnahmen zur Erhaltung ihrer Ursprungshärte
1965. 24 Seiten, 7 Tabellen. DM 12,50

HEFT 1515
Prof. Dr. Edward de Beer, Dr.-Ing. Heinz Graßhoff und Dr.-Ing. Manfred Kany, Institut für Verkehrswasserbau, Grundbau und Bodenmechanik der Rhein.-Westf. Technischen Hochschule Aachen
Die Berechnung elastischer Gründungsbalken auf nachgiebigem Untergrund. Vergleichende Untersuchungen über den Einfluß der Steifigkeit der Hochbaukonstruktion, der Plattensteifigkeit und einer Überkragung auf die inneren Beanspruchungen der Grundplatte
1966. 308 Seiten, zahlr. Abb. und Tabellen. DM 132,—

HEFT 1537
Dr. Emil Karl Köhler und Gerald Routschka, Forschungsinstitut der Feuerfest-Industrie, Bonn
Brennverhalten von Tonen in verschiedenen Atmosphären
1965. 54 Seiten, 17 Abb., 12 Tabellen. DM 33,—

HEFT 1540
Dipl.-Chem. Dr. rer. nat. Joachim Ernst Quincke, Prüf- und Forschungsinstitut des Bundesverbandes Kalksandsteinindustrie e. V., Hannover
Im Auftrage des Fachverbandes Kalksandsteinindustrie Nordrhein-Westfalen e. V., Hannover
Untersuchung über den Mischvorgang zur Senkung des Kalkbedarfs und Steigerung der Steinqualität
I. Teil: Laboratoriumsversuche
II. Teil: Betriebsversuche
1965. 88 Seiten, 20 Abb., 9 Tabellen. DM 49,50

HEFT 1541
Prof. Dr.-Ing. Kamillo Konopicky, Forschungsinstitut der Feuerfest-Industrie, Bonn
Prof. Dr.-Ing. habil. Adolf Dietzel,
Prof. Dr. Horst Saalfeld und
Priv.-Doz. Dr. Heribert J. Oel, Max-Planck-Institut für Silikatforschung, Würzburg
Vorgänge in der Grenzschicht zwischen feuerfestem Material und Glas bzw. Schlacke
Teil I: Eigenschaften der verwendeten feuerfesten Steine
Teil II: Vorgänge beim Angriff der Schlacken auf die Steine
1965. 55 Seiten, 24 Abb., 10 Tabellen. DM 35,80

HEFT 1549
Prof. Dr. phil. nat. habil. Hans-Ernst Schwiete und Dipl.-Ing. Tohru Iwai, Institut für Gesteinshüttenkunde der Rhein.-Westf. Technischen Hochschule Aachen
Über die ferritische Phase im Zement und ihr Verhalten bei der Hydration
1965. 78 Seiten, 48 Abb., 14 Tabellen. DM 44,—

HEFT 1550
Prof. Dr. phil. nat. habil. Hans-Ernst Schwiete, Dr.-Ing. Udo Ludwig und Dipl.-Ing. Peter Otto, Institut für Gesteinshüttenkunde der Rhein.-Westf. Technischen Hochschule Aachen
Der Einfluß der Molererde auf die technologischen Eigenschaften von klinkerarmen Hochofenzementen. Teil I
1965. 41 Seiten, 13 Abb., 12 Tabellen. DM 24,50

HEFT 1551
Prof. Dr.-Ing. Kamillo Konopicky,
Dr. Ingeborg Patzak und Heinz Dohr, Forschungsinstitut der Feuerfest-Industrie, Bonn
Untersuchungen zum Zweistoffsystem
Al_2O_3—SiO_2
1965. 26 Seiten, 8 Abb., 7 Tabellen. DM 15,80

HEFT 1597
Prof. Dr.-Ing. Kamillo Konopicky und
Dr. rer. nat. Ingeborg Patzak, Forschungsinstitut der Feuerfest-Industrie, Bonn
Untersuchungen über den Aufbau und die Umwandlung der verschiedenen Minerale der Sillimanit-Gruppe
1966. 66 Seiten, 44 Abb., 21 Tabellen. DM 39,80

HEFT 1605
Prof. Dr. Karl Jasmund und Dr. Heinz Lange,
Mineralogisch-Petrographisches Institut der Universität Köln
Adsorption und Selektivität an Na-, K- und Ca-Kaoliniten und K-, Ca-Montmorilloniten mit radioaktiv markiertem Rubidium, Cäsium und Kobalt
1966. 53 Seiten, 19 Abb. DM 32,70

HEFT 1606
Prof. Dr.-Ing. Kamillo Konopicky,
Dipl.-Phys. Karl Wohlleben und Gerd Mill, Forschungsinstitut der Feuerfest-Industrie, Bonn
Entstehung der mechanischen Festigkeit bei feuerfesten Erzeugnissen während des Trocknens
1966. 33 Seiten, 20 Abb., 5 Tabellen. DM 21,50

HEFT 1654
Prof. Dr.-Ing. Werner Leins, Aachen, und
Dr.-Ing. Siegfried Velske, Remscheid, Forschungsgesellschaft für das Straßenwesen e. V., Köln
Spannungen im bindemittelfreien Unterbau von Straßen unter Verkehrseinwirkung
1966. 102 Seiten, 50 Abb., 15 Tabellen, 7 Anlagen. DM 59,40

HEFT 1656
Dr.-Ing. Herbert Müllejans,
Lehrstuhl für Wärmeübertragung und Klimatechnik an der Rhein.-Westf. Technischen Hochschule Aachen
Über die Ähnlichkeit der nichtisothermen Strömung und den Wärmeübergang in Räumen mit Strahllüftung
1966. 73 Seiten, 30 Abb. DM 57,10

HEFT 1659
Prof. Dr.-Ing. Wilhelm Patterson und Dr.-Ing. Dietmar Boenisch, Gießerei-Institut der Rhein.-Westf. Technischen Hochschule Aachen
Die Wasserbindung an Tonen und ihre Bedeutung für die Festigkeit des Gießereiformsandes
1966. 35 Seiten, 2 Abb., 1 Tabelle. DM 18,80

HEFT 1673
Prof. Dr.-Ing. Wolfgang Triebel,
Dipl.-Ing. Lothar Schmechel,
Prof. Dr. K. H. Pfarr und Dipl.-Kfm. Bauing. H. Th. Schmidt, Institut für Bauforschung e. V., Hannover
Die wirtschaftlichen Grenzen der Geräteinvestitionen im Wohnungsbau *In Vorbereitung*

HEFT 1674
Dr.rer.nat. Wolfgang Krönert und Dipl.-Phys. Gerhard Rudolf Lang, Institut für Gesteinshüttenkunde der Rhein.-Westf. Technischen Hochschule Aachen
Direktor: Prof. Dr. phil. nat. habil. Hans-Ernst Schwiete
Untersuchung intensitätsbeeinflussender Parameter bei der Röntgenfluoreszenzanalyse unter Berücksichtigung der für die Zementanalyse wichtigen Wellenlängenbereiche
1966. 94 Seiten, 62 Abb., zahlr. Tabellen. DM 63,—

HEFT 1692
Obering. Gerhard Piltz, Institut für Ziegelforschung Essen e. V., Essen
Versuche zur Erhöhung der Feuerstandfestigkeit sowie zur Bestimmung der zulässigen Gewichtsbelastung der Ziegel beim Brand
1966. 47 Seiten, 29 Abb., 12 Tabellen. DM 30,—

HEFT 1705
Prof. Dr.-Ing. Kamillo Konopicky, Forschungsinstitut der Feuerfest-Industrie, Bonn
Untersuchungen an Kohlenstoffsteinen
1966. 52 Seiten, 16 Abb., 8 Tabellen. DM 27,40

HEFT 1718
Prof. Dr. phil. Dr. techn. Ludvik Žagar und Dipl.-Ing. Gerhard Krause, Institut für Gesteinshüttenkunde der Rhein.-Westf. Technischen Hochschule Aachen
Direktor: Prof. Dr. phil. nat. habil. Hans-Ernst Schwiete
Beitrag zur Bestimmung der spezifischen Oberfläche von Glaspulvern und deren Beziehung zu den aus der Korngrößenanalyse ermittelten statistischen Parametern
1966. 117 Seiten, 31 Abb., 31 Tabellen. DM 71,10

HEFT 1719
Dipl.-Chem. Dr. Paul Ney, Bundesverband der Deutschen Kalkindustrie e. V., Köln
Dr. Gerhard Schimmel, Batelle-Institut e. V., Frankfurt
Der Einfluß der Erhärtungsbedingungen auf die Kristallisationsformen des Calciumcarbonates
1966. 79 Seiten, 54 Abb., DM 41,—

HEFT 1720
Prof. Dr. phil. nat. habil. Hans-Ernst Schwiete, Dr.-Ing. Udo Ludwig und Dipl.-Ing. Hans-Peter Lühr, Institut für Gesteinshüttenkunde der Rhein.-Westf. Technischen Hochschule Aachen
I. Resonanzfrequenzmessungen an in Wasser und aggressiven Lösungen gelagerten Mörtelprismen
II. Der Einfluß der Porosität auf die Aggressivbeständigkeit von Zementmörtelprismen
In Vorbereitung

HEFT 1721
Prof. Dr. phil. nat. habil. Hans-Ernst Schwiete und Dipl.-Ing. Wolfram Babinecz, Institut für Gesteinshüttenkunde der Rhein.-Westf. Technischen Hochschule Aachen
Über die Anwendung der Röntgenfluoreszenzanalyse in der Gesteinshüttenkunde unter Berücksichtigung der Nebenbestandteile und Spuren

HEFT 1733
Prof. Dr. phil. Dr. techn. Ludvik Žagar und Dipl.-Ing. Winfrid Bernhardt, Institut für Gesteinshüttenkunde der Rhein.-Westf. Technischen Hochschule Aachen
Beitrag zur Frage der Bindfähigkeit verschiedener Metalle mit Nichtmetallen als Grundbedingung bei der Herstellung von Cermets
1966. 82 Seiten, 3 Abb., 48 Tabellen. DM 51,20

HEFT 1758
Prof. Dr.-Ing. Kamillo Konopicky, Heinz Dohr, Gudrun Krüger und Gerald Routschka, Forschungsinstitut der Feuerfestindustrie, Bonn
Studium der Inhomogenität und des Verschlakkungsvorganges in feuerfesten Erzeugnissen
1966. 41 Seiten, 18 Abb., 4 Tabellen. DM 27,10

HEFT 1759
Dr.-Ing. Walter Ohnemüller, Bundesverband der Deutschen Kalkindustrie e. V., Köln
Reaktionen zwischen Steinoberfläche und Mörtel
1966. 41 Seiten, 1 Tabelle. DM 20,50

HEFT 1778
Prof. Dr.-Ing. Kamillo Konopicky, Gerald Routscka, Dr.-Ing. Hans Lehmann und Dr. rer. nat. Ingeborg Patzak, Forschungsinstitut der Feuerfest-Industrie Bonn
Das Verhalten und der Verschleiß hochwertiger Schamottsteine im Hochofenschacht und Hochofenrast

HEFT 1785
Prof. Dr. phil. nat. habil. Hans-Ernst Schwiete und Dipl.-Ing. Dieter Opitz, Institut für Gesteinshüttenkunde der Rhein.-Westf. Technischen Hochschule Aachen
Untersuchungen an kalksilikatreichen Ferrochromschlacken im Hinblick auf ihre Verwendbarkeit als feuerfeste Steine
1966. 77 Seiten, 34 Abb., zahlr. Tabellen DM 54,80

HEFT 1805
Prof. Dr.-Ing. habil. Wilhelm Anton Fischer und Dr.-Ing. Werner Ertmer, Max-Planck-Institut für Eisenforschung, Düsseldorf
Die Untersuchung des Wärmeinhalts, der Wärmeleitfähigkeit und der elektrischen Leitfähigkeit von Schmelzkalk
Band I und II
In Vorbereitung

HEFT 1841
Dipl.-Chem. Dr. Paul Ney, Dr.-Ing. Walter Ohnemüller und Ilse Zimmermann, Forschungslaboratorium des Bundesverbandes der Deutschen Kalkindustrie e. V., Köln
Ermittlung der Phasenzusammensetzung von Gemischen in denen $CaCo_3$ oder CaO oder $Cq(OH)_2$ Hauptbestandteile sind
In Vorbereitung

Verzeichnisse der Forschungsberichte aus folgenden Gebieten können beim Verlag angefordert werden:

Acetylen/Schweißtechnik – Arbeitswissenschaft – Bau/Steine/Erden – Bergbau – Biologie – Chemie – Druck/Farbe/Papier/Photographie – Eisenverarbeitende Industrie – Elektrotechnik/Optik – Energiewirtschaft – Fahrzeugbau/Gasmotoren – Fertigung – Funktechnik/Astronomie – Gaswirtschaft – Holzbearbeitung – Hüttenwesen/Werkstoffkunde – Kunststoffe – Luftfahrt/Flugwissenschaften – Luftreinhaltung – Maschinenbau – Mathematik – Medizin/Pharmakologie – NE-Metalle – Physik – Rationalisierung – Schall/Ultraschall – Schiffahrt – Textilforschung – Turbinen – Verkehr – Wirtschaftswissenschaften.

Springer Fachmedien Wiesbaden GmbH
567 Opladen/Rhld., Ophovener Straße 1–3

GPSR Compliance

The European Union's (EU) General Product Safety Regulation (GPSR) is a set of rules that requires consumer products to be safe and our obligations to ensure this.

If you have any concerns about our products, you can contact us on ProductSafety@springernature.com

In case Publisher is established outside the EU, the EU authorized representative is:

Springer Nature Customer Service Center GmbH
Europaplatz 3
69115 Heidelberg, Germany

Batch number: 10584556

Printed by Printforce, the Netherlands